中公新書 2144

川田 稔著

昭和陸軍の軌跡

永田鉄山の構想とその分岐

中央公論新社刊

目次

プロローグ

満州事変
——昭和陸軍の台頭

満州事変．関東軍は奉天城を攻撃、占領（写真：読売新聞社）

昭和陸軍が歴史の表舞台に登場するのは、とりわけ満州事変からである。

満州事変は、一九三一年（昭和六年）九月、関東軍による鉄道爆破からはじまった。関東軍は、当時中国東北地方いわゆる「満州」に駐留していた日本軍で、日本が経営する南満州鉄道およびその沿線を守備することを主な任務としていた。

関東軍の石原莞爾《いしはらかんじ》作戦主任参謀、板垣征四郎高級参謀らは、九月一八日夜、奉天（現瀋陽）近郊で南満州鉄道を爆破。これを中国軍による攻撃としてただちに関東軍を出動させ、翌日のうちに南満州の主要都市を占領した。石原、板垣らによる謀略であった。

彼らは、かねてから全満州の軍事占領を計画しており、それを実行に移したのである。ちなみに、関東軍参謀は、陸軍中央の参謀と同様、すべて陸軍大学卒のエリート軍事官僚で、二人もまたそうであった。

東京の陸軍中央では、陸軍省の永田鉄山《てつざん》軍事課長、岡村寧次《やすじ》補任課長、参謀本部の東条英機編制動員課長、渡久雄《わたりひさお》欧米課長などが、石原らと連携し、「関東軍の活動を有利に展開させる」（『岡村寧次日記』）方向で動きはじめる。この永田、石原らの陸軍中堅幕僚グループ（一夕会《いっせきかい》）には、鈴木貞一軍事課支那班長、武藤章《むとうあきら》作戦課兵站班長、田中新一教育総監部員なども加わっていた（陸軍中央の主要ポストについては、三七ページ参照）。

当時の若槻礼次郎《わかつきれいじろう》民政党内閣のみならず、南次郎陸相、金谷範三《かなやはんぞう》参謀総長ら陸軍首脳部も、当初、事態不拡大の方針であった。だが永田らの中堅幕僚グループは、それに抗して関東軍の行動を支持したのである。

永田、東条、石原、武藤、田中らはのちに昭和陸軍を動かす中心人物となっていく。たとえば、永田鉄山は、陸軍省軍務局長のポストにつき、いわゆる統制派を率いて、事実上全陸軍をリードする存在となる。だが、陸軍内の皇道派と統制派の派閥抗争のなかで暗殺される。

東条英機は、三国同盟締結時の陸相、太平洋戦争開戦時の首相兼陸相。のちに東京裁判においてA級戦犯として死刑となる。武藤章は、三国同盟時、太平洋戦争開戦時の陸軍省軍務局長で、同じくA級戦犯として刑死した。田中新一も、太平洋戦争開戦時の参謀本部作戦部長であった。太平洋戦争開戦時、東条、武藤、田中が、陸軍の実権を掌握しており、ことに田中が対米開戦の主導者であったが、なぜか彼のみ戦犯として起訴されていない。その政治的背景は現在でも謎のままである。

石原莞爾は、満州事変後に参謀本部戦争指導課長、同作戦部長となり事実上陸軍を牽引するようになる。だが、日中戦争開戦時、戦線不拡大を主張し、拡大派の武藤章参謀本部作戦課長、田中新一陸軍省軍事課長らと対立して失脚。まもなく陸軍を去る。

さて、満州事変下の関東軍は、その後、当初の計画にしたがって全満州を掌握下に置こうとし、また満州国樹立の方針を決定する。陸軍中央では、それを阻止しようとする首脳部と、関東軍の方向を容認する永田らの一夕会系中堅幕僚グループとの激しい攻防となる。

だが、若槻内閣は内部崩壊し、後継の犬養《いぬかい》政友会内閣において、一夕会の推す荒木貞夫が陸相となる。そして、陸軍首脳部が一新され、永田ら一夕会系幕僚が陸軍中枢を掌握する。それとともに、関東軍の処置は陸軍中央から全面的に承認される。一夕会グループを核とする勢力が陸軍中央の実権を握り、陸軍を動かすようになっていくのである。これ以後、陸軍の政治的台頭が本格化する。

永田らは、旧来のような統帥権の独立によっては国家を動かすことはできず、陸軍に新しい派閥を形成し、それを通じて政治に影響力を行使すべきだと考えていた。つまり、陸軍が組織として、陸相を通じて内閣に影響力を行使し、軍の考える方向に国家を動かしていくことを志向していたのである。

本書では、この満州事変以後、組織として政治化してくる陸軍を、「昭和陸軍」とよぶ。それまで、山県有朋《やまがたありとも》をはじめ、桂太郎、寺内正毅《てらうちまさたけ》、田中義一など、陸軍指導者が個人として政治権力を掌握しようとした例はあるが、陸軍が組織として政治を動かそうとするのは、新しい志向であった。

では、なぜ満州事変が引き起こされたのであろうか。また、昭和陸軍の核となっていく、永田、石原らの一夕会グループはどのように形成されてきたのだろうか。その発端は、一九二〇年代はじめ（大正中期）まで遡《さかのぼ》らなければならない。

第一章

政党政治下の陸軍

――宇垣軍政と一夕会の形成

現在のバーデン・バーデン

一、二葉会と木曜会

一九二一年（大正一〇年）一〇月、ドイツ南部の保養地バーデン・バーデンで、陸軍士官学校一六期同期の永田鉄山、小畑敏四郎《としろう》、岡村寧次の三人が落ち合った。当時、永田はスイス駐在武官。小畑はロシア大使館付武官だったが入国できずベルリンに滞在。岡村は日本から約三ヵ月間の欧州出張中であった。彼らは、ともに三七歳、陸軍少佐で、かねてから交流があった。

そこで三人は、派閥の解消による人事刷新、軍制改革による総動員態勢の確立などについて申し合わせた。当時陸軍の実権を掌握していた長州閥の打破と、国家総動員に向けての体制整備が、共通の課題として追求されることとなったのである。永田は長野出身、岡村は東京、小畑は高知で、いずれも非長州系だった。原敬《はらたかし》首相暗殺の直前のことである。

原敬政友会内閣の陸相は長州の田中義一であった。だが当時は、田中の健康不良のため、田中系の山梨半造《やまなしはんぞう》（神奈川）が後任となっていた。この後、高橋是清《たかはしこれきよ》政友会内閣、加藤友三郎内閣と山梨が留任し、陸軍省は田中系の影響下にあった。そして、次の第二次山本権兵衛内閣（一九二三年）では、再び田中が陸相に就いた。また、原内閣当時の参謀総長は、薩摩《さつま》の上原勇作であったが、長州閥総帥・山県有朋の強い影響下にあり、上原辞職（一九二三年）後は、田中系の河合操（大分）が参謀総長となった。さらに、この時期、陸軍次官には津野一輔《かずすけ》、軍務局長には菅野尚一《すがのひさいち》、陸軍省高級副官に松木直亮《なおすけ》など、長州出身者が有力ポストにあった。陸軍内では山県有朋以来の長州閥が、なお強い影響力を維持していたのである（山県は一九二二年に死去）。

帰国後、永田、岡村、小畑らは、一九二三年（大正一二年）ごろから、陸士一六期を中心に同様の考えをもつ陸軍幕僚を加え会合を重ね、二七年（昭和二年）ごろ、その集まりを「二葉会」と名付けた。田中義一政友会内閣成立前後のことである。会員は陸士一五期から一八期にわたり、河本大作《こうもとだいさく》、山岡重厚《しげあつ》、板垣征四郎、土肥原賢二《どいはらけんじ》、東条英機、山下奉文《やましたともゆき》など陸軍中央の中堅幕僚二〇人程度が参加している。いずれも、その後陸軍のなかで重要な役割を果たすことになる。永田、東条のその後については、すでにふれた。

岡村寧次は、参謀本部情報部長などを経て支那派遣軍総司令官として終戦を迎える。小畑敏四郎は、参謀本部運輸通信部長として皇道派の中心人物の一人となるが、統制派との派閥抗争に敗れ陸軍を去る。山岡重厚も、陸軍省軍務局長となるが、皇道派に属し、小畑とほぼ同様の経緯で陸軍を追われる。

河本大作は、一九二八年（昭和三年）の張作霖《ちょうさくりん》爆殺事件の首謀者として行政処分を受け予備役編入後退役。板垣征四郎は陸軍大臣、土肥原賢二は中国枢要地の特務機関長などを務め、ともにA級戦犯として刑死。山下奉文は、第一四方面軍司令官としてフィリピン・マニラ軍事法廷で死刑判決を受け、同じく刑死した。

さて、二葉会は、バーデン・バーデンでの申し合わせを引き継いだが、その間永田らは、まず長州閥の打破に力を注いだ。

永田、小畑、東条、山岡らの陸軍大学教官時、長州出身者が陸大入学者から徹底して排除されている。彼らが陸大教官であった一九二二年（大正一一年）から二四年まで、連続三年間、陸大入学者には山口県出身者はまったくいない。それまでは毎年平均して三名から五名の山口県出身者が入学していた。たとえば、二三年（大正一二年）には、第一次試験（筆記）をパスした山口県出身者は、合格者一〇〇名中一七名であった。だが、第二次試験（口述）では、合格者五〇名中に山口県出身者はまったく含まれていない。口述試験で意図的な配点操作がなされたことが考えられる。この時期（一九二二―二四年）の陸相は、山梨半造、田中義一、宇垣一成《うがきかずしげ》で、宇垣も岡山出身だったが長州の田中直系とみられていた。

その後も永田らは、長州系に対抗する人事工作などを行っている。

二葉会命名時（一九二七年）前後まで、陸相は引き続き宇垣一成が務め、同じく田中系の白川義則《よしのり》（愛媛）が続いた。白川も田中の強い影響下にあり、したがって長州系とされていた。なお宇垣は、清浦奎吾《きようらけいご》内閣、加藤高明三派内閣、加藤高明憲政会内閣、第一次若槻礼次

宇垣一成

郎憲政会内閣（一九二四年―二七年）と連続して陸相の地位にあり、事実上田中を継ぐ陸軍最有力の実力者となった（白川は田中義一政友会内閣期のみ）。参謀総長も、前述のように、一九二三年（大正一二年）に田中系の河合操（大分）が就任し、その後任には、田中・宇垣系の鈴木荘六《そうろく》（新潟）が就く（一九二六年）。彼らもまた長州系とみられていた。

次に、バーデン・バーデンでの申し合わせのうち、国家総動員に向けての体制整備については、永田を中心に活動が推し進められた。

永田は、大戦前後合計六年間にわたってドイツ周辺に滞在し、大戦期ヨーロッパ諸国の国家総動員の事情に、陸軍内で最も精通していた。したがって、早くから国家総動員関係の実務や講演などの活動にたずさわり、一九二六年（大正一五年）四月、若槻礼次郎憲政会内閣下に設けられた国家総動員機関設置準備委員会では、陸軍側幹事に任命された（当時陸軍省軍事課高級課員）。そして、同一〇月発足した陸軍省整備局の初代動員課長となった。また、第二代動員課長には、永田の腹心である東条が就いた。

さらに、二葉会において、バーデン・バーデンの会合のころにはそれほど意識されていなかった満蒙に、関心が向けられるようになる。

二葉会では、張作霖爆殺事件への陸軍中央の対応、会員の河本大作の処分への対処などを含め、満蒙問題が何度か話題になっている。張作霖爆殺事件は、一九二八年（昭和三年）六月四日、満州軍閥の張作霖が奉天近郊で関東軍によって爆殺されたもので、その首謀者が関東軍高級参謀の河本であった。満蒙への関心は、二四年（大正一五年）から関東軍参謀となった河本の影響ではないかとみられている。

もともと二葉会には、支那通とよばれる中国事情に精通した軍人が、河本、岡村、板垣、土肥原など、かなり含まれていた。彼らを磁場に、中国でも、とりわけ満蒙に関心が集中することになってきたのである。

さて、この二葉会にならって、一九二七年（昭和二年）一一月ごろ、陸士二二期の鈴木貞一参謀本部作戦課員ら少壮の中央幕僚グループによって「木曜会」が組織される。軍装備や国防方針などの研究を趣旨として発足した。木曜会の参加者は一八人前後で、鈴木貞一、石原莞爾、根本博、村上啓作、土橋勇逸ら陸士二一期から二四期が中心であった。

ただ、一六期の永田、岡村、一七期の東条も会員となっている。永田自身は二回ほどしか出席していないが、永田に近い東条がたびたび出席し、重要な役割を果たしている。岡村も四回出席しているが、小畑は加わっていない。

木曜会の会合は、一九二七年（昭和二年）一一月ごろから翌々年の四月まで、一二回開かれているが、最も重要なのは、二八年（昭和三年）三月一日、東京・九段の陸軍将校クラブ偕行社で開かれた第五回である。張作霖爆殺事件の約三ヵ月前である。

この日の参加者は、東条英機陸軍省軍事課員、鈴木貞一参謀本部作戦課員、根本博参謀本部支那課員ら九名。中佐の東条を除いて全員少佐、大尉で、ほとんど陸軍省、参謀本部など陸軍中央の少壮幕僚であった。永田、岡村は、この日は出席していない。

会合では、まず、根本による「戦争発生の原因について」と題する報告がおこなわれ、そのあと討論に移った。議論は多岐に及んだが、そこで出された意見をある程度まとめるかたちで、東条が次のような趣旨の発言をおこなった。

国軍の戦争準備は対露戦争を主体として、第一期目標を、満蒙に完全なる政治的勢力を確立する主旨のもとに行うを要す。ただし、本戦争経過中、米国の参加を顧慮し守勢的準備を必要とす。この間、対支戦争の準備は大なる顧慮を要せず、単に資源獲得を目途とす。

すなわち、戦争準備は対ロシアを主眼とし、その当面の目標を「満蒙に完全なる政治的勢力を確立する」ことにおく。そのさい中国との戦争のための準備は、それほど大きな考慮を必要とせず、単に「資源獲得」を目的とする。そう意見を整理したのである。

また、東条は、その「理由」として、「一、将来戦は生存戦争なり。二、米国は生存のため大陸にて十分なり」と先の発言に付け加えた。つまり、将来の戦争は、一般に国家の生存のための戦争となる。アメリカは、その生存のためには南北アメリカ大陸で十分であり、アジアに本格的には軍事介入してこないだろう。そのような含みで付言したのである。

この発言に対して、完全な政治的勢力を確立するとは、「取る」ことを意味するのか、との質問が出された。それに対して東条は、「然《しか》り」と答えている。形式はともかく、実質的には日本が満蒙を自らのものとすることを想定していたのである。

さて、この東条発言の後、二、三の質疑応答がなされ、最後に、「判決」として、次のような内容が申し合わされた。

帝国自存のため、満蒙に完全なる政治的権力を確立するを要す。これがため国軍の戦争準備は対露戦争を主体とし、対支戦争準備は大なる顧慮を要せず。ただし、本戦争の場合において、米国の参加を顧慮し、守勢的準備を必要とす。

細部では、「政治的勢力」が「政治的権力」とされるなど、いくつかの相違があるが、ほとんど東条の発言に沿ったものである。また、その「理由」として、次のように、ロシア、中国、アメリカ、イギリスに対する情勢判断を示している。

日本が「その生存を完からしむる」ためには、満蒙に政治的権力を確立する必要がある。それには、ロシアの「海への政策」との衝突が不可避となる。

中国から必要とするものは、対ロ戦のための「物資」である。中国の兵力は「論ずるに足らず」、それに対処するための日本側兵力は、半年で整備可能である。また、満蒙は中国にとって「華外の地」であり、したがって「国力を賭して」戦うことはないであろう。

アメリカの満蒙に対する欲求は、「生存上の絶対的要求」ではない。したがって満蒙問題のために、日本と国力を賭けた戦争をおこなうことはないだろう。ただ、先の大戦に参加した経緯から考えて、日本とロシアが戦争になれば介入することはありうる。したがって、「政略」によって努めてアメリカの参戦は避けるが、その介入も考慮して「守勢的準備」は必要とする。

イギリスは、満蒙問題と関係はあるが、軍事以外の方法で解決可能である。それゆえ対英戦争準備は特に考慮する必要はない。

このような情勢判断のもと、「満蒙に完全なる政治的権力を確立する」こと、すなわち満蒙「領有」方針が申し合わされたのである。

この「判決」は、同年（一九二八年）一二月六日の第八回会合でも再確認され、木曜会の「結論」とされた。このときには岡村も出席し、その結論を前提に積極的に発言している。

永田は、第五回、第八回ともに出席していないが、第五回での、永田の腹心ともいうべき東条の発言は、後述する永田の構想に沿ったものであった。また永田の盟友岡村も第八回で方針が再確認されたとき特に異議を唱えていないことなどから、このような木曜会の方針は、永田も了承していたものと思われる。

ここに満蒙領有方針が、陸軍中央内で初めて本格的に提起されたのである。

そのころ、対中国政策をめぐって、主要なものとして三つの構想が存在していた。

第一は、当時の田中義一政友会内閣の方向で、いわゆる満蒙特殊地域論である。長城以南の中国本土については国民政府による統治を容認するが、満蒙については日本の影響下にある軍閥張作霖の勢力を温存しようとするものであった。それによって満蒙での特殊権益を維持することを意図していたのである。

第二は、浜口雄幸《はまぐちおさち》ら野党民政党のスタンスで、国民政府による満蒙を含めた中国統一を基本的に容認し、国民政府との友好関係を確立すべきだとの立場である。いわば国民政府全土統一容認論で、それによって中国との経済交流の拡大を実現しようとしていた。

第三は、張作霖爆殺事件当時の関東軍首脳の方針で、張作霖の排除と満蒙における日本の実権掌握下での独立新政権樹立を主張していた。いわゆる満蒙分離論である。ただ、これは満蒙における中国主権の存続を前提とするものであった。

これらに対して、木曜会の満蒙領有論は、そこでの中国の主権を完全に否定するもので、まったく新しい方向であった。

一般に、満州事変は、世界恐慌下（一九三〇年代初頭）の困難を打開するため、石原莞爾ら関東軍によって計画・実行されたものとの見方が多い。だが、じつは一九二九年末の世界恐慌開始より一年半前に、陸軍中央の幕僚のなかで、満州事変につながっていく満蒙領有方針が、すでに打ち出されていたのである。満州事変の関東軍側首謀者として知られる石原莞爾も、第五回の会合には出席していなかったが、木曜会の会員であった。したがって、満州事変は、その企図の核心部分においては、世界恐慌とはまた別の要因によるものだったといえよう。世界恐慌は、石原ら満州事変を計画した軍人たちにとって、かねてからの方針の実行着手に、絶好の機会を与えるものだったのである。

この木曜会の満蒙領有方針は、単に陸軍の当該小グループで考えられ、その内部だけで密かに抱懐されるにとどまるものではなかった。この方針は、後の一夕会に受け継がれる。

また、第五回と同じころ、参謀本部作戦部（荒木貞夫部長、小畑敏四郎作戦課長）も、「満蒙における帝国の政治的権力の確立」を主張する文書を作製している。木曜会での結論とほぼ同様の表現であり、この点では、木曜会と参謀本部作戦部とはなんらかの連携があったと思われる。おそらく、永田・岡村・東条と小畑との関係を通してであろう。

第五回、第八回のほか木曜会で興味深いのは、第一〇回（一九二九年一月一七日）である。このときは永田、岡村、東条ともに出席している。報告者は鈴木宗作陸軍省軍事課員で、「統帥権の独立」の必要を主張しているが、その内容は特徴のあるものではない。

だが、その日の議論の「結論」は、まず、「戦争指導」において「統帥の独立自由をもって政略を指導せん」とするのは「無理」だとする。そのうえでこう述べている。軍人が国家を動かすには、むしろ政略がすすんで統帥に追随する、つまり「政務当局」が自《みずか》ら「軍人」に追随する必要があり、それには指導的「大人物」が要《い》る。そのような大人物を得るには、「集心的に人物を作為する」必要があり、そのためには、「国家的に活動する公正なる新閥を作る」ことが要請される、と。すなわち陸軍に新しい派閥をつくらなければならないというのである。

統帥権の独立によって国家を動かすことはできず、陸軍に新しい派閥を形成し、それを通じて政治に影響力を行使すべきだとの結論であった。

このときの個々の発言者の記録は残されていないが、年齢、階級ともに上になる永田、岡村、東条の三人が、そろって出席しているとき、このような結論が出されたことは注意をひく。統帥権の独立によらず、組織的に陸相を動かし、それを通じて内閣に影響力を行使すべきだとするのが、永田らの一貫した考えであったからである。

一般に、統帥権の独立が、昭和陸軍の暴走の原因となったとされている。だが、彼らは統帥権の独立ではむしろ消極的だとし、陸軍が組織として国政に積極的に介入していく必要があると考えていたのである。

二、一夕会

さて、この木曜会と、先の二葉会が合流して、一九二九年（昭和四年）五月、「一夕会」が結成された。満州事変の約二年前である。一夕会の構成員は四〇名前後で、陸士一四期から二五期にわたり、二葉会、木曜会の会員のほか、武藤章、田中新一、冨永恭次などのちの陸軍で重要な役割を果たす少壮幕僚もメンバーとなっている。

あらためて主要な会員名を挙げておくと、永田鉄山、小畑敏四郎、岡村寧次、東条英機、河本大作、山岡重厚、板垣征四郎、土肥原賢二、磯谷廉介《いそがいれんすけ》、渡久雄、工藤義雄、山下奉文、橋本群《ぐん》、鈴木貞一、石原莞爾、根本博、村上啓作、土橋勇逸《つちはしゆういつ》、鈴木率道《よりみち》、牟田口廉也《むたぐちれんや》、武藤章、田中新一、冨永恭次などで、いずれも、こののち昭和陸軍で名を知られるようになる。

一夕会は、第一回会合で、陸軍人事の刷新、満州問題の武力解決、荒木貞夫・真崎甚三郎・林銑十郎の非長州系三将官の擁立、の三点を取り決め、まず陸軍中央の重要ポスト掌握に向けて動いていく。永田、小畑、岡村（ともに四五歳、陸軍大佐）が主導的地位にあり、永田がその中心的存在であった。

ちなみに、一夕会結成は、田中義一政友会内閣の末期、浜口雄幸民政党内閣成立の約一ヵ月前で、田中内閣の陸相は白川義則（愛媛）、浜口内閣の陸相は宇垣一成（岡山）であった。

さきにもふれたように、白川、宇垣は、ともに元陸相で長州出身の田中義一の影響下にあり、長州閥の流れをくむ人物とみられていた。

さて、一夕会の取り決めのうち、まず陸軍人事の刷新は、一夕会会員を陸軍中央の主要ポストにつけ、田中、白川、宇垣ら長州系の影響力を陸軍中央から排除することを意味した。また、その陸軍中央のポストで、自己の領域の上司に働きかけ、一夕会が意図する方向を実現させるよう互いに協力することが含まれていた。

次に、満州問題の武力解決は、二葉会、木曜会から受け継がれたものである。その後の一夕会会員の動きからして、木曜会の満蒙領有方針がここに持ちこまれ、かなり広範囲に共有されていたものと思われる。この方向は、実際上の形態はさまざまにありうるが、満蒙における中国の主権を否定することを含意するものであった。これが満州事変に直接つながっていく。たとえば、根本博の回想によれば、同年(一九二九年)末、永田、東条、石原、鈴木(貞)、根本らは、「張学良を武力でもって放逐する」ことを決定し、それぞれ上司にも働きかけ軍内の空気を醸成することに動きはじめている。

荒木、真崎、林の非長州系三将官の擁立は、さきの田中、白川、宇垣らの影響力の排除と関連していた。荒木、真崎、林の中心は佐賀出身の真崎で、荒木は和歌山出身(東京生まれ)、林は石川出身であったが、それぞれ早くから真崎と関係が深く、真崎を通じて宇都宮太郎、武藤信義らの佐賀閥とつながっていた。佐賀閥は、長州の田中義一と対立していた薩摩の上原勇作の系譜をひくもので、ことに田中、宇垣と根深い因縁があった。

かつて田中と上原は、一九二四年（大正一三年）清浦奎吾内閣の陸相選定をめぐって対立した。田中は宇垣を、上原は佐賀系の福田雅太郎（長崎）を推し、結局上原が敗れ、宇垣に決まった。その二年後宇垣陸相時に、河合操参謀総長の後任選定をめぐって上原と宇垣が対立した。上原は武藤信義（佐賀）を、宇垣は自派の鈴木荘六（新潟）を推し、ここでも上原が敗れ、鈴木（荘）が参謀総長となった。ただ、翌年の二七年（昭和二年）白川陸相時、武藤（信）が上原の後援で陸軍三長官の一つである教育総監のポストに就く。

真崎、荒木、林は、このように田中・宇垣系に対立する上原・佐賀閥の系譜に連なるものだったのである。すなわち真崎らの擁立は、永田ら一夕会が反田中・宇垣の立場に立っていることを意味した。

永田鉄山

なお、宇垣は、長州出身の有力者津野一輔が一九二八年（昭和三年）に死去し、翌年田中が首相を辞任直後に病死する過程で、自派の形成を本格化させる。津野は長州閥内での田中の後継者と目されていた。宇垣は、同期の鈴木荘六、白川義則と手を握り、陸軍中央幕僚のなかから、金谷範三、畑英太郎、南次郎、阿部信行、二宮治重《はるしげ》、杉山元《はじめ》、建川美次《たてかわよしつぐ》、小《こ》磯国昭《いそくにあき》らを自らの陣営に集め、宇垣派を構成した。かれらはすべて長州出身者ではなく、陸軍主流は、長州閥から宇垣派に姿を変えたのである。この後、長州の菅野尚一や松木直亮《なおすけ》らは有力ポストに就いていない。

一夕会が、津野死後の宇垣派形成本格化のなかで結成され、しかも人事の刷新をかかげていることから、それが宇垣派に対抗するものでもあったことがわかる。

ちなみに、一夕会の中心人物永田と真崎の関係については、永田の真崎宛書簡が五通残されており、うち四通が一夕会発足以前に発信されている。その四通は、一九二八年（昭和三年）末から翌年一月にかけてのもので、主に、二葉会の山岡重厚、工藤義雄（ともに一夕会会員）の陸軍中央課長ポスト就任工作に関するものである。当時真崎は、弘前の第八師団長であった。

そこで永田は、山岡、工藤を、陸軍省補任課長か教育総監部第二課長に就けようと、自身らがさまざまな働きかけをしていることを伝え、真崎に陸軍中央工作への協力を依頼している。また、川島義之人事局長、林銑十郎教育総監部本部長らとも相談していること、満州で秦真次奉天特務機関長の助力を得ていること、なども知らせている。さらに、陸軍省徴募課長の後任に田中・宇垣派の「策動」が予想され、その「防遏《ぼうあつ》」のために対抗処置をとる必要があること、「癌は陸軍首脳部［田中・宇垣派］の腹中」（［　］内は引用者、以下同じ）にあるとの判断などが記されている。

川島、林、秦は、濃淡の差はあるが、いずれも真崎とつながりがあった。永田が真崎らと近い関係にあったことが推測される。なお、真崎は、一九二九年（昭和四年）七月から東京の第一師団長となるが、永田が同師団歩兵第三連隊長、東条が同第一連隊長で、三者は緊密な関係にあったようである。

さて、さきのような一夕会の方針決定後、永田らは、まず陸軍中央の重要ポスト掌握に本格的に着手する。

一夕会結成から三ヵ月後の八月（一九二九年）、岡村寧次が陸軍省人事局補任課長のポストを得る。補任課長は全陸軍の佐官級以下の人事に対して大きな権限をもっていた。補任課長ポスト確保のため、どのような工作がおこなわれたのかは現在のところ不明だが、おそらく一夕会会員から各方面への働きかけがなされたのであろう。この岡村補任課長を通して、一夕会の陸軍中央ポスト掌握が本格化する。

翌一九三〇年（昭和五年）八月、永田鉄山が陸軍省軍務局軍事課長に就任。軍事課長は、予算配分に実質的に強い発言力をもっており、軍政部門のみならず全陸軍における最も重要な実務ポストであった。また、渡久雄が参謀本部欧米課長となる。

さらに、満州事変直前の翌年（一九三一年）八月には、陸軍省徴募課長に松村正員《まさかず》、馬政課長に飯田貞固、軍事課高級課員に村上啓作、同支那班長に鈴木貞一、参謀本部動員課長に東条英機、作戦課兵站班長に武藤章、教育総監部第二課長に磯谷廉介などが就いている。また、一夕会が擁立しようとしていた将官の一人荒木貞夫が、中央要職の教育総監部本部長に就任する。一夕会の工作によるものであった。なお、このとき、真崎は第一師団長から台湾軍司令官に転出。林銑十郎は前年一二月から朝鮮軍司令官となっていた。

こうして陸軍中央の主要実務ポストを一夕会会員がほぼ掌握することとなったのである。一夕会が、岡村補任課長就任を契機に、急速に人事配置を推し進めていることがわかる。それほど遠くない時期での武力行使が想定されていたといえよう。

また、一九二八年（昭和三年）一〇月に石原莞爾が関東軍作戦主任参謀に、翌年五月には板垣征四郎が関東軍高級参謀となっている。これは岡村の補任課長就任以前だが、そのころには一夕会会員となる加藤守雄が補任課員で、その働きかけによるものとみられる。

一九三一年（昭和六年）九月、満州事変開始時の陸軍中央および関東軍における一夕会系幕僚（二葉会、木曜会を含む）の配置は次の通りであった。一夕会系幕僚が、各部局の主要実務ポストとみられる課長もしくは班長を、ほぼ掌握していることがわかる。

陸軍省

軍事課　課長永田鉄山、高級課員村上啓作、支那班長鈴木貞一、外交班長土橋勇逸
　編制班長鈴木宗作、課員下山琢磨

補任課　課長岡村寧次、高級課員七田一郎、課員北野憲造

徴募課　課長松村正員
馬政課　課長飯田貞固
動員課　課員沼田多稼蔵《たかぞう》
整備局　課員本郷義雄
参謀本部
動員課　課長東条英機
庶務課　庶務班長牟田口廉也
作戦課　兵站班長武藤章
欧米課　課長渡久雄
支那課　支那班長根本博
運輸課　課長草場辰巳
参謀本部部員岡田資《たすく》　部員清水規矩《のりつね》、部員石井正美、部員澄田睞四郎《らいしろう》
教育総監部
第二課　課長磯谷廉介
庶務課　課長工藤義雄
砲兵監部　部員　岡部直三郎
教育総監部部員　田中新一

航空本部
　第一課　課長小笠原数夫
内閣資源局
　企画第二課　課長横山勇《いさお》
関東軍
　高級参謀板垣征四郎
　作戦主任参謀石原莞爾
　奉天特務機関長土肥原賢二

これらに準ずるポストとして、ほかに、陸軍大学校教官小畑敏四郎、同鈴木率道、兵器本廠付冨永恭次などが配置されていた。この態勢で一夕会は満州事変を迎えたのである。

第二章

満州事変から五・一五事件へ
——陸軍における権力転換と政党政治の終焉

五・一五事件．軍の物々しい警戒（写真：読売新聞社）

一、満州事変前夜

さて、木曜会の満蒙領有方針は、一夕会の満蒙問題武力解決方針へと受け継がれたが、実行時期については決められていなかった。だが、まもなく実行への動きがはじまる。

一夕会結成から約一年半後の、一九三〇年（昭和五年）一一月一四日、幣原喜重郎《しではらきじゅうろう》外相は、「満州における鉄道問題に関する件」と題する方針案を、陸軍を含めた関係機関に示した。一夕会の永田鉄山が陸軍省軍務局軍事課長に、渡久雄が参謀本部欧米課長となった直後である。また、浜口雄幸首相が東京駅で銃撃され重傷を負った当日であった。

そこでは、日中間の「共存共栄」の観点から中国側の「感情融和」を図ること、そのため、満鉄並行線について、満鉄に「致命的の影響」を与えるものは「阻止」するが、それ以外の既設線については、連絡協定を締結して、これまでの「抗議を撤回」すること。その他の路線については、むしろ中国側の建設に援助を与えること、など対中融和的な方針が示されていた。

日本政府はこれまで、中国側が建設した打虎山・通遼線、吉林・海竜線、建設計画中の洮《とう》南《なん》・通遼線などを、日中間の満鉄並行線禁止協定に違反すると抗議してきていた。この方針案は、その変更を意味するものであった。たとえば、洮南・通遼線の建設は認めないが、打虎山・通遼線、吉林・海竜線への抗議は、連絡協定締結を条件に撤回することとしたのである。

そして方針案ではさらに、満鉄培養線として建設予定のいわゆる満蒙五鉄道についても、洮南・索倫線、延吉・海林線、吉林・五常線の三鉄道は「支那側の自弁敷設に委せ」ること。残りの二鉄道（敦化・会寧線、長春・大賚線）についても基本的には当面権利留保にとどめること、など融和的な方向が提案されていた。この満蒙五鉄道は、約三年前、田中義一政友会内閣期に山本条太郎満鉄社長が、満州を支配する軍閥の張作霖に、日本からの借款と満鉄請負契約による建設を強要し、認めさせたものであった。

これに対して、一二月三日、陸軍省側から一部修正のうえで同意する旨の回答がなされた。だが、そのときの小磯国昭軍務局長による意見書は、次のようなものであった。

中国側の対満鉄政策は「政治的見地」からのもので、方針案のいうような「共存共栄」は不可能である。したがって、中国側の日本への「対抗競争」を「断念」させるような処置を講じなければならない。しかしながら、「満州の現状はこの大方針の実現を待つを許さざるもの」があり、それゆえ「応急の策」として、外務省案に一部修正を加えて同意する。

すなわち、外務省方針である日中間の共存共栄は不可能だとして、基本的には外務省の融和姿勢に反対を表明している。そのうえで、当面の処置としては同意するというのである。

あまり指摘されていないが、この幣原外相提案は、じつは陸軍にとって重大な内容を含んでいた。満蒙五鉄道のうち、さきの洮南・索倫線、延吉・海林線、吉林・五常線は、田中内閣下での外務省計画案には含まれておらず、その建設は、対ソ戦対応を主眼とする陸軍側の強い意向によるものであった。幣原案はその三線をすべて中国側の自弁鉄道にまかせ、他の二線も権利留保などにとどめようとするものだったのである。

満鉄請負契約による建設によって、これらの鉄道路線を日本の影響下に置こうとしていた陸軍にとっては、とうてい認められない内容であったと思われる。したがって、陸軍側の同意は、文字通り「応急」の回答としてであり、少なくとも中堅幕僚層は、この時点で、民政党内閣の対中国政策に基本的に見切りをつけたと考えられる。このとき、事案の主務担当は軍務局軍事課であり、その責任者は永田鉄山軍事課長であった。

翌一九三一年（昭和六年）三月、満蒙問題の根本的解決の必要を主張する、参謀本部情報部「昭和六年度情勢判断」が作成された。それは四月には省部（陸軍省・参謀本部）での正式承認を受け、関東軍など関連各機関にも通知された。

同年六月、その対策案を検討するための、いわゆる五課長会議が発足し、「満州問題解決方針の大綱」を決定した。そこには、一年後の満蒙での武力行使の可能性を示唆する内容が含まれていた。五課長会議は、永田陸軍省軍事課長、岡村寧次補任課長、山脇正隆参謀本部編制動員課長、渡久雄欧米課長、重藤《しげとう》千秋支那課長から構成されていた。

その後、同八月からは、山脇に代わった東条英機編制動員課長が入り、今村均参謀本部作戦課長、磯谷廉介教育総監部第二課長も新たに加わった。ちなみに、七人の課長のうち、永田、岡村、渡、東条、磯谷の五人が一夕会メンバーであり、この会議（七課長会議）には一夕会の意向が強く反映されるようになる。

満州事変勃発後も、この七課長会議が、内閣の不拡大方針の意向をくむ南次郎陸軍大臣や金谷範三参謀総長に抗して、関東軍の石原、板垣らと呼応し彼らを支援する方向で陸軍中央を動かしていくことになる。

同年（一九三一年）四月一三日、浜口雄幸首相の体調悪化によって浜口民政党内閣が総辞職し、翌日、第二次若槻礼次郎民政党内閣が成立した。これにともなって、陸相は宇垣一成から南次郎に代わった。参謀総長は金谷範三が留任した。南、金谷ともに宇垣系で、陸軍省、参謀本部の要職は、杉山元陸軍次官、二宮治重参謀次長、小磯国昭軍務局長、建川美次情報部長など、ほとんど宇垣系で占められていた。

さて、「昭和六年度情勢判断」は、建川参謀本部情報部長のもと、渡久雄欧米課長、重藤千秋支那課長、橋本欣五郎ロシア班長、根本博支那班長ら情報部の中心メンバーによって策定された。欧米課員の武藤章もメンバーに加わっていた。そこでは、国際情勢の分析判断とともに、満州問題解決の必要性の主張と、その方策として三つの案が示されていた。第一段階は中国主権下での親日独立政権樹立案、第二段階は独立国家建設案、第三段階は満蒙領有案、とされていた。

この中心メンバーのうち、渡、根本、武藤の三人は一夕会会員であり、この情勢判断にはその意向がなんらかのかたちで反映されていたものと考えられる。

この「情勢判断」の対策案を検討するため、六月一一日に発足した五課長会議は、六月一九日に対満蒙方針の原案を作成した。この五課長会議原案に検討が加えられ、「満州問題解決方針の大綱」となった。その主要な内容は、次のようなものであった。

満州における張学良政権の排日方針の緩和に、外務省とも協力して努めるが、にもかかわらず排日行動が発展すれば、ついに「軍事行動のやむなきに至る」ことがある。満州問題の解決には、内外の理解を得ることが必要であり、そのための施策は、「約一ヵ年すなわち来年春まで」を期間とする。関東軍首脳部に、「来る一年間は隠忍自重」のうえ、排日紛争に巻きこまれないように努めさせる。

すなわち、実質的に、一年後を目途に満蒙での武力行使に向けて準備をおこなう旨が決められたのである。

この方針は、陸軍省、参謀本部首脳の承認を得て、関東軍にも伝達された。この時点では、南、金谷ら陸軍中央首脳も、満州でのなんらかの武力行使を容認していたといえる。ただ、後述するように、宇垣系陸軍首脳にとって、それは、あくまでも既得権益の確保のためのものので、限定的なものにとどまることが想定されており、永田ら一夕会とは方向を異にするものであった。しかし実際は、一年後を待たずに、約三ヵ月後の九月中旬、柳条湖事件が起こる。

なお、五課長会議メンバーの多くと交流のあった守島伍郎外務省アジア局第一課長は、のちに「大綱」について次のような見方をしている。満州での軍事行動について国際的な理解を得るということは、実際には一年や二年ではできない。にもかかわらず、武力行使に同意させるため、一見穏当に見えるような作文をして、陸相や参謀総長のサンクションを得たのであろう、と。興味深い見解といえよう。

この「大綱」決定のあと、永田ら五課長会議は、同一九三一年（昭和六年）七月、軍司令官・師団長会議での陸相訓示案を作成した。そこで、満蒙の地は帝国の生存発展上きわめて密接なる関係を有するものである。だが近時その方面の情勢が帝国にとり甚だ好ましからざる傾向をたどり、事態の重大化を思わしむるもののあるは遺憾とするところだ、と満蒙問題にも言及した。八月、陸相訓示が公表されるや、この部分は、満蒙問題をことさら重大化せしめるもの、として各新聞や与党民政党などから強い非難を受けた。

一方、関東軍の石原莞爾作戦主任参謀、板垣征四郎高級参謀らは、かねてから満蒙問題解決のための軍事行動と全満州占領を考えていた。世界恐慌前の一九二九年（昭和四年）六月、石原は「関東軍満蒙領有計画」を立案。三一年（昭和六年）五月には、満蒙問題の解決策は「満蒙を我が領土とする」ことであり、「謀略により機会を作製し軍部主導となり国家を強引す」べきだとする「満蒙問題私見」を作成した。石原・板垣らは、これらに基づき、同年六月ごろには、柳条湖での謀略から戦闘行為を開始すべく計画準備を本格化し、九月下旬実行を決めた。石原、板垣らは、永田、岡村ら一夕会中心メンバーと密接に連携していた。このころ永田は、関東軍の謀略工作について、「現地［関東軍］がこの秋でなければダメだと云うなら現地のいうところに従うべき」との発言を残している。

なお、その間にいわゆる三月事件が起こっている。「昭和六年度情勢判断」が作成されたころである。この事件は、宇垣陸相を首班とする軍事政権を樹立しようとしてクーデターを計画したもので、最終的に宇垣の同意が得られず未遂に終わった。重藤千秋参謀本部支那課長や橋本欣五郎同ロシア班長らを中心とする佐官級中央幕僚将校と大川周明ら民間右翼の謀議によるものだった。この計画には、二宮参謀次長、建川情報部長、小磯軍務局長も賛同していたとみられる。当時、浜口首相の遭難のあと幣原喜重郎外相が首相臨時代理を務めていたが、彼の失言による議会の混乱などが生じており、それがこのクーデター計画の背景をなしていた。だが、三月一〇日、浜口首相が病体をおして復帰し、議会の混乱は一応沈静化した。

計画は、永田軍事課長や岡村補任課長にも伝わったが、岡村の日記によれば、彼らは当初から「慎重を勧告」し、「最初より軍最高首脳が同意せざるべきを判断して戒め」たという。

ただ、このとき、永田がいわゆるクーデター計画書「永田メモ」を作成したとして、のちに陸軍内で問題となった。この永田メモの作成は、小磯軍務局長が、大川から聞き取った計画案について計画の首尾一貫性の検討を命じたことによるもので、小磯の証言によれば、そのさい永田は次のように答えている。「このごとき暴挙は断じて不可なり。しかれども局長が計画の首尾一貫性を検討せよと命ぜらるる以上、好むところにあらざるも検討はすべし。ただしこのごとき考案には絶対反対なることを言明す」と。

一方、七月上旬、中国吉林省長春北方の万宝山《まんぽうざん》で、朝鮮人入植者と中国側農民との紛争に、日本の領事館警察、中国保安隊が関与して衝突が起こり、これが朝鮮での中国人排斥暴動、中国での激しい排日非難に発展した（万宝山事件）。

そのようななかで、かねて満州北西部の興安嶺方面での軍事地誌調査中に行方不明となっていた、中村震太郎大尉（参謀本部作戦課員）、井杉延太郎予備役曹長らが、すでに現地の中国側兵士によって六月下旬に殺害されていたことが判明した（中村大尉事件）。このことは一般にはしばらく伏せられていたが、八月一七日、記事解禁となり各新聞が一斉に事件を報じた。陸相訓示を対満危機感をあおるものとして非難していた各新聞も、多くは対中国強硬姿勢を示した。

また、政友会筆頭総務の森恪《もりつとむ》は、八月三一日、「国力の発動」を主張する満蒙視察報告を党幹部らの会合でおこなっている。さらに、『東京朝日新聞』も、九月八日、「国策発動の大同的協力」を希望する旨の社説を掲載した。

同じころ、八月の人事異動で、参謀本部で実務上最も重要なポストである作戦課長に、今村均陸軍省徴募課長が就いた。これは永田軍事課長の意向によるものであった。永田は部隊への転出を希望する今村に、作戦課長就任を直接説得している。今村は一夕会会員ではないが、軍務局でともに課長として勤務し、永田から評価されていたものと思われる。作戦課長就任後、七課長会議のメンバーとなり、のちの統制派の母体となる永田グループにも加わっている。

今村は、作戦課長転任時、建川作戦部長（情報部長より異動）から、さきの「満州問題解決方針の大綱」を手渡され、それに基づく作戦上の具体化案を八月いっぱいでつくりあげるよう指示を受けた。このとき、建川は、政策上の具体化案については永田軍事課長に作成を指示する旨を付言している。後述するように、柳条湖事件時、建川は関東軍の行動開始を九月二七日と考えていたようであるが、ここで具体案作成の期限を八月末としているところからみて、このころには満州での九月下旬決行計画を承知していたものと思われる。

さて、すでにふれたように、石原、板垣らは、九月下旬謀略決行を計画していたが、九月上旬、奉天領事館から外務省に、関東軍少壮士官が満州で事を起こす計画中である旨の連絡が入った。九月一一日には、昭和天皇から南陸相に軍紀に関し下問がなされた。陸軍の動きを危惧《きぐ》する元老西園寺《さいおんじ》公望《きんもち》の意向によるものであった。また、九月一四日、張学良から中村大尉事件への遺憾の意と平和的解決の意志が伝えられた。陸軍省・参謀本部合同の省部首脳会議は、天皇の意向も考慮して、建川作戦部長に関東軍の動きを抑えるため満州行きを命じた。建川は翌日北九州経由で満州に向かった。この時点で建川自身は関東軍の武力行使は二七日と了解していたという。

このような軍中央の動きについて、橋本らから連絡を受けた関東軍の石原、板垣らは、急《きゅう》遽《きょ》決行日時を一八日夜に繰り上げた。

二、柳条湖事件と陸軍中央

建川が奉天に到着して数時間後の、九月一八日午後一〇時二〇分ごろ、柳条湖付近の満鉄線路が爆破され、ここに満州事変がはじまった。すぐに関東軍独立守備隊第二大隊が北大営を、第二師団第二九連隊が奉天城を攻撃。一九日午前一時過ぎ、各部隊にも攻撃命令が発せられ、朝鮮軍にも来援を要請した。一九日朝までに日本軍は北大営・奉天城を制圧、同日中に長春、奉天（瀋陽）、営口、安東など満鉄沿線関連の一八の南満主要都市を占領した。

東京の陸軍中央には、一九日午前一時過ぎ、「暴戻なる支那軍隊」が「満鉄線を破壊」し、日中間の部隊衝突が起こった旨の第一報が奉天より届いた。続いて午前二時、中国軍が満鉄線を「爆破」し、目下交戦中との第二報が入り、その後も入電はつづいた。

午前七時、陸軍省・参謀本部合同の省部首脳会議が開かれ、対策が協議された。出席者は、陸軍省から、杉山元次官、小磯国昭軍務局長、参謀本部から、二宮重治次長、梅津《うめづ》美治郎《よしじろう》総務部長、今村均作戦課長（建川作戦部長代理）、橋本虎之助情報部長で、このほか永田鉄山軍事課長も加わっていた。今村の証言によれば、永田は実質的には局長待遇で、このような局長・部長以上の会議においても特別に出席を許されており、小磯や建川も永田には、一目おいていたとされている。

この会議で、小磯軍務局長が「関東軍今回の行動は全部至当の事なり」と発言し、一同異議なく、閣議に兵力増派を提議することとなった。今村ら作戦課が増派について起案、永田ら軍事課がその閣議提出案の準備にかかった。満州での事件内容を調査確認することなく、即座に関東軍の全面出動を是認し、しかも増派まで決定したのである。この素早さは、この会議の出席者のレベルでは、少なくとも主要なメンバーが、それが一八日かどうかはともかく、近々（おそらく二七日ごろ）の満州での事件勃発を予想していたことをうかがわせる。

ところが、午前八時半、林銑十郎朝鮮軍司令官より、飛行隊二中隊をすでに関東軍増援に向かわせ、かつ混成第三九旅団（平壌）を奉天方面に出動させるよう準備中との報告が入った。しかし海外派兵の決定には、陸相・参謀総長のみならず内閣の承認が必要とされており、そのうえで天皇の裁可と奉勅命令の下達を必須としていた。また閣議においてそのための経費支出が認められなければならなかった。

そこで参謀本部は、朝鮮軍の独断的行動は妥当でないとして、部隊の行動開始を見合わせ

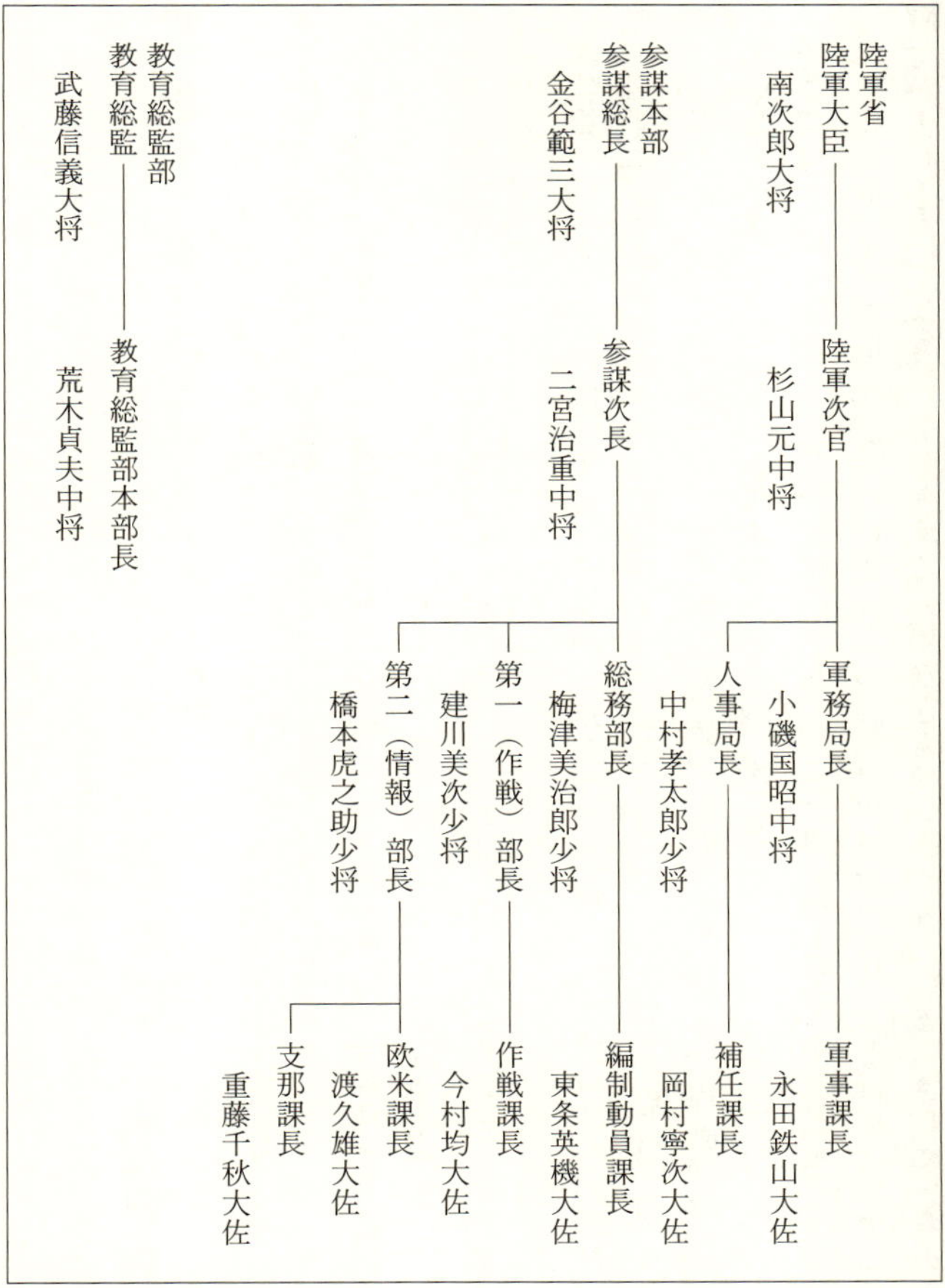
陸軍省
陸軍大臣
南次郎大将
陸軍次官
杉山元中将
軍務局長
小磯国昭中将
軍事課長
永田鉄山大佐
人事局長
中村孝太郎少将
補任課長
岡村寧次大佐
参謀本部
参謀総長
金谷範三大将
参謀次長
二宮治重中将
総務部長
梅津美治郎少将
編制動員課長
東条英機大佐
第一（作戦）部長
建川美次少将
作戦課長
今村均大佐
第二（情報）部長
橋本虎之助少将
欧米課長
渡久雄大佐
支那課長
重藤千秋大佐
教育総監部
教育総監
武藤信義大将
教育総監部本部長
荒木貞夫中将

柳条湖事件当時の陸軍中央

るよう指示するとともに、その満州への越境派兵について閣議の了承を得ようとした。

だが、午前一〇時から開かれた閣議では、幣原喜重郎外相より、事件が関東軍によって計画的に引き起こされたことを示唆する奉天総領事よりの電文を示され、南陸相は関東軍増援を提議できず、事態不拡大の方針が決定された。

同日午前、陸軍では杉山陸軍次官、二宮参謀次長、荒木貞夫教育総監部本部長が会同し、本事件をもって「満蒙問題解決の動機となす」との方針が合意された。ここでいう満蒙問題の解決とは、「条約上に於ける既得権益の完全な確保」を意味し、全満州の軍事的占領におよぶものではない、とされた。この時点では、宇垣系を中心とする陸軍上層部は、永田ら一夕会とは異なり、条約上の既得権益の確保を、武力行使による満蒙問題解決の主眼としていたのである。

南陸相から不拡大方針に同意した旨を聞いた金谷参謀総長は、「すみやかに事件を処理して、旧態に復する必要あり」との見解を部内に示した。しかし今村作戦課長は、「矢はすでに弦《つる》を放たれたるものなり」として旧態復帰反対を意見具申。午後、作戦課は、「満州における時局善後策」を作成し、参謀本部首脳会議（次長部長クラス）の承認を得た。

そこでは、「軍の態勢を旧状に復帰せしむる」ことは「断じて不可」であり、現状を維持すべきだとし、もし内閣が認めないようなら陸相は辞職すべきで、これによって「政府の瓦解」が生じても「いささかも懸念するの要なきもの」とされている。さらに、そのさい満蒙諸懸案などの解決を中国側に迫ることを、陸軍大臣は「最後の決意」をもって閣議に提起すべきとしている。

翌九月二〇日午前一〇時より、杉山陸軍次官、二宮参謀次長、荒木教育総監部本部長の三官衙《かんが》首脳は、満蒙問題の一併《いっぺい》解決を期し、そのため「政府が倒壊するも毫《ごう》も意とする所にあらず」との方針、および旧態復帰拒否を確認した。

また、永田ら軍事課は、さきの作戦課「満州における時局善後策」をもとに、次のような「時局対策」を策定。三長官会議（南陸相・金谷参謀総長・武藤信義教育総監）の承認を得た。

すなわち、「事態を拡大せざることに努むる廟議《びょうぎ》の決定」には反対する必要はない。しかし、それと軍の行動とは別個の問題であり、軍は任務達成のため情勢に応じ「機宜の措置」をとらしめるべきであり、中央からはその行動を「拘束」しない。満蒙問題の「根本的禍根」を除去しないかぎり、「軍の態勢を旧状に復するは断じて不可」である。関東軍の出動は「帝国自衛権の発動」によるものであり、これを機に満蒙諸懸案の一併解決を、「最後の決意」をもって内閣に迫るべきである、と。

九月二一日、午前一〇時から午後四時にわたって閣議が開かれた。そこで、満蒙問題の一併解決には意見一致をみたが、関東軍の態勢については、現状維持と旧態復帰がそれぞれ約半数であった。また、朝鮮軍からの増兵については、若槻首相は陸相に同意したが、他の閣僚はすべて不要とする意見で、具体的にはなんら決定しないまま散会した。

関東軍の石原・板垣らは当初から全満州の軍事占領を企図していたが、張学良が指揮する東北辺防軍の総兵力約四〇万に対して関東軍の兵力は一万余りであり、全満州占領には兵力増援がどうしても必要であった。そこで石原らは、二〇日、特務機関によって満鉄沿線外の吉林に不穏状態をつくり、二一日、居留民保護を名目に第二師団主力を吉林に侵攻させた。満鉄沿線外には関東軍は条約上駐兵権を有さず、権限を超えた出兵であった。満鉄沿線が手薄となったことを理由に、朝鮮軍を導き入れようと画策したのである。

これに応じて、林朝鮮軍司令官は独断で混成第三九旅団に越境を命じ、午後一時、部隊は国境を越え満州に入った。

この知らせを受けた参謀本部は、今村ら作戦課を中心に、総長の単独帷幄《いあく》上奏によって天皇から直接部隊派遣の許可を得ようとし、午後五時過ぎ、南陸相に内示のうえ、金谷参謀総長が参内した。ところが上奏直前、参謀本部からの電話があり、部隊派遣の許可を得る件はとりやめ、奈良武次侍従武官長の助言により、金谷は独断越境の事実のみの報告にとどめた。

この電話は、永田ら軍事課の強硬な反対によるものであった。永田らの反対理由は二つあった。第一は、「経費支出をともなう兵力の増派に関し、閣議の承認を経ることなく、統帥系統のみによる帷幄上奏をなすは極めて不当」である。第二は、軍務局長・軍事課長に相談なく陸相のみの了解での帷幄上奏は、「局長課長に対する不信任」を意味する、とするものであった。

この出来事は、以下の点で注意をひく。

第一の問題について、今村作戦課長は、このような参謀総長の単独上奏権があることが日本の特色であると考えていた。だが、永田は、内閣の承認なしでの統帥系統のみによる派兵は認められないとしていた。

これは永田が、内閣を動かさなくては満州事変は正当性と合法性を失い、かつ経費の裏付けを得ることができず、結局は失敗する可能性が高いと考えていたからだった。後述するように、永田は一貫して陸相を通じて内閣を動かすこと（陸相の辞意示唆という恫喝《どうかつ》的方法も含めて）を考えていたが、この場合、ことに海外派兵の経費支出には内閣の決定を必須とし、財政的裏付けなしの長期出兵は不可能だったからである。

それにしても、陸相の承認を得たうえでの参謀総長の上奏内容が、陸軍省一課長とその課員の意見で、しかも参内中に変更されるということは、本来階層的な秩序構成をとる陸軍組織では、一般には考えられないことである。

ここには当時の陸軍中央における永田の発言力の強さがあらわれている。さきにふれた、部局長会議への永田の出席や、永田の意向による今村の作戦課長就任なども、そのことを示唆している。これは、永田の軍事官僚としての能力評価によるのみならず、やはり一夕会という中堅幕僚グループの存在の影響力によるところが大きかったのではないかと考えられる。

第二の点については、一般的にみれば、参謀総長と陸相の合意によって決められたことは、下僚の意見はどうあれ、組織としての陸軍の決定といえる。それを永田は、省部の部局長課長間での検討を必須とする、としているのである。これは、単なる実務的な観点からの要請と解釈することもできるが、それにとどまらず、陸軍首脳の行動は必ず中堅幕僚層のルートを通すべきとの主張であると考えられる。中堅幕僚によって陸軍上層を動かしていこうとする、永田ら一夕会の考えに沿ったものだとみることができる。

この夜（九月二一日）、翌日開催予定の閣議への対応が陸軍内で検討された。内閣や民政党は、林朝鮮軍司令官の独断越境命令を大権干犯とみなしているとの情報から、閣議で問題化する可能性があり、その対策が協議されたのである。そこで、もし閣議において大権干犯とされた場合には、陸相・参謀総長ともに辞職することが申し合わされた。

ところが、翌二二日、閣議開催前に小磯軍務局長が若槻首相に、朝鮮軍の行動に関し事態の了解を求めたところ、若槻は「すでに出動せる以上は致し方なきにあらずや」として容認姿勢を示した。

午前の閣議では、朝鮮軍の独断出兵について異議を唱える閣僚はなく、また賛成の意思表示もなかった。そして、すでに出動せるものなるをもって、閣僚全員その事実を認む。右事実を認めたる以上、これに要する経費を支出す、との決定をおこない、若槻首相はその結果を上奏した（吉林出兵も不問に）。

では、若槻首相は、朝鮮軍の満州進出をなぜ認めたのだろうか。それは、南陸相の辞任による内閣総辞職を回避するためだった。陸軍中央は一致して朝鮮軍派遣の承認を求めており、陸相辞任の場合、後任陸相を得ることは困難が予想されたからである。

若槻は、事変勃発直後のこの緊急事態の渦中で総辞職するつもりはまったくなかった。政権瓦解によって事態が拡大していけば、浜口、若槻とつづいた民政党内閣の外交政策を根本的に破壊することとなりかねなかったからである。

その後、陸相、参謀総長から朝鮮軍部隊の満州派遣追認について上奏、天皇の裁可を得た。ここに朝鮮軍の独断出兵は、事後承認によって正式の派兵とされたのである。だが、そのうえでなお幣原外相は、閣議において、関東軍の現状維持を主張する南陸相に対して、「旧態に復せざるを得ざるに至るべし」と反論していた。若槻や幣原は、経費支出は一応認めたが、なお陸軍を抑制して撤兵を実現しようと努力をつづける。

この間、さきの七課長会議は、連日会合をもち、「関東軍の活動を有利に展開させる」方向で意識的に動いている。

さて、関東軍は、二一日の甘粕正彦《あまかすまさひこ》らの謀略による北満ハルビンでの爆破事件を理由に、二二日、居留民保護のためハルビン出兵の意見具申をおこなったが、陸軍中央はそれを認めなかった。これは、事件不拡大の閣議決定を受けた南陸相や金谷参謀総長の意向によるものであったが、二宮参謀次長、建川作戦部長ら宇垣系幕僚首脳も、ソ連の介入を警戒し北満出兵には慎重な考えをもっていた。

またこの日、若槻首相は、不穏な動きのあるハルビンと間島《かんとう》では、危急の場合、居留民の現地保護ではなく引き揚げによって対応する方針を上奏した。

翌九月二三日、杉山陸軍次官、二宮参謀次長、荒木教育総監部本部長、小磯軍務局長の会談で、関東軍の占領範囲を満鉄沿線から両側に大幅に拡大する案が決められた。だが、南陸相、金谷参謀総長は、これに強硬に反対し承認を与えなかった。これは、内閣の不拡大方針を受けたものであった。

さらに南陸相は、内閣の意向を受け、杉山次官らに「全兵力を［満鉄］付属地内に入れる」方針を示した。翌二四日、金谷参謀総長は、今村作戦課長や建川作戦部長らの反対意見にもかかわらず、吉林を除いて「満鉄の外側占領地点より部隊を引揚ぐべきこと」を命じ、関東軍にも付属地内への引き揚げ命令が伝えられた。

また、この日、内閣から「満州事変に関する第一次声明」が発表された。そこでは、中国軍の一部が満鉄路線を爆破、日本側守備隊を攻撃したため、日本軍が反撃し危険の原因を除いたとするとともに、居留民の安全が確認されれば満鉄付属地内に撤退する方針が示されていた。

二六日には、金谷参謀総長によって、吉林からの撤退命令も出された。建川作戦部長らの反対を押し切ってのことであった。しかし、これらの撤兵指示は、現地ではうやむやのまま実施されなかった。ただ、南陸相や金谷参謀総長のこのような姿勢は――両者はもともと宇垣系で、内閣の決定を尊重する意向であったが——必ずしも自己の政策的信念に基づくものではなく、内閣と中堅幕僚層との間に挟まれて、不安定なものであった。

二八日、関東軍より再びハルビン出兵の打診があったが、内閣の意向を考慮し陸軍中央は了承しなかった。

また、二六日の閣議で、若槻首相は、満州での新政権樹立には一切関与してはならない旨を述べ、南陸相も了承した。それを受け金谷参謀総長は、各部長に「この種［新政権樹立］の運動には一切関与すべからざる」よう指示している。また南陸相からも関東軍に、新政権樹立の運動に関与することは「厳にこれを禁止す」との電報が発せられた。

南　次郎

これは、関東軍による新政権樹立工作を阻止しようとするものであった。関東軍は、九月二二日に策定した「満蒙問題解決策案」にしたがい、独立政権樹立に向けすでに動きはじめていた。

石原、板垣らは、当初、「満蒙領有」を計画していた。だが、九月一八日来満した建川作戦部長との会談で、石原らの満蒙領有論と建川の独立政権論（中国主権の下での）とが対立。二〇日、建川は、独立政権樹立が日本の国策である旨を、本庄軍司令官らに重ねて主張した。二二日、これらを受け、関東軍は「実質的に効果を収むる」ことを主眼に、一応、独立政権樹立を内容とする「満蒙問題解決策案」を策定、軍中央にも伝えた。

「満蒙問題解決策案」は、遼寧、吉林、黒竜江の東三省のみならず熱河省も含めた地域を対象に、宣統帝を頭首とする独立政権（「支那政権」）を樹立しようとするもので、国防外交、交通通信などは日本が掌握することとなっていた。

なお、このとき建川は長春以北への北満派兵にも反対しているが、石原らは当初から全満州の武力制圧を考えていた。

だが、建川離満（二一日）後、関東軍はあらためて独立国家樹立の方向に進んでいくことになる。一〇月二日、石原、板垣らは、「満蒙を独立国として、これを我保護の下に置」くとの「満蒙問題解決案」を作成。この独立国家方針が政府に受け入れられない場合は、「一時日本の国籍を離脱して目的達成に突進する」ことを申し合わせた。

一方、陸軍中央では、九月二五日、永田ら七課長会議が、南陸相や金谷参謀総長の指示に反して、満蒙新政権の樹立を含む「時局対策案」を起案。また、その実行のため根本支那班長らを満州に派遣することを提議した。だが、金谷参謀総長はこれに激怒。ただちに派遣を中止させた。

しかし、七課長会議は、「時局対策案」の方向でさらに検討をつづけ、三〇日、「満州事変解決に関する方針」として成案となる。それは、満蒙を中国本土より「政治的に分離」せしむるため、「独立政権」を設定し、「帝国は裏面的にこの政権を指導操縦」して、懸案の根本的解決を図ることを主眼とするものであった。

この方針案で、そのほかに注意をひくのは、独立政権樹立によって中国本土政権との間に相当長期にわたる紛争継続を予期せざるをえず、関係改善のため次のような方策が必要だとしていることである。

その第一は、華北における張学良の勢力を一掃する必要があり、そのため華北の反蔣介石勢力や旧北洋軍閥勢力を利用する。第二は、国民党反蔣派によって樹立された広東政府を支持し、蔣介石らの南京政府の瓦解を策する。第三に、華北および華中に日本の好意的支持による政権を立て、満蒙新政権に対する抗争的態度を緩和する、というものであった。

このことは、永田ら七課長会議が、満蒙新政権と蔣介石国民政府とは共存困難と判断していることを意味した。

南陸相や金谷参謀総長による新政権運動への不関与の指示にもかかわらず、永田ら七課長会議は、新政権樹立の方向を強引に推し進めていたのである。七課長会議のこのような動きの背景には一夕会系中堅幕僚グループの意向があったことは容易に想像できよう。また、建川ら宇垣系の一部も独立政権樹立を容認していた。

中国側では、柳条湖事件当時、張学良は東北辺防軍の主力一三万を率いて北平（北京）に出動しており、蔣介石は共産軍討伐のため、国民政府の首都南京をはなれ江西省南昌で陣頭指揮をとっていた。さらに、揚子江流域は大雨による未曽有の洪水にみまわれ、罹災者は六〇〇〇万人にのぼろうとしていた。

張学良は、かねてから日本軍の挑発には慎重に対処し、衝突を避けるよう在満の自軍に指示していた。事件勃発後も日本軍への抵抗を禁じ、在満部隊に戦闘不拡大を命じた。蔣介石も、日本軍との正面衝突を回避しようとして張学良の方針を支持し、九月二一日、事件を国際連盟に提訴した。

翌二二日、連盟理事会はこれを正式議題として取り上げ、日中双方に対し事態の不拡大と両軍の撤退を求める通告を、日本を含め全会一致で承認した。連盟未加入のアメリカもまたこれを支持した。イギリスは、約一ヵ月前に成立したマクドナルド（労働党）挙国一致内閣が、前日の二一日、世界恐慌の深刻化のなかで金本位制から離脱し、その善後対策に忙殺されていた。アメリカは、フーバー共和党政権のもとスティムソン国務長官主導で、軍部を抑制し事態の不拡大に努めている若槻首相や幣原外相のラインを、できるだけ支援する方向で対処しようとしていた。

二四日、日本政府の不拡大声明が出され、連盟の芳沢謙吉日本代表は漸次撤兵の意向を明らかにした。中国側は理事会に調査団の派遣を要請したが、日本側は日中の直接交渉を主張、中国側の要請は容れられなかった（当時日本は連盟常任理事国）。三〇日、連盟理事会は、事件不拡大の決議を成立させ、日本軍の撤兵については特に期限を定めないまま、二週間の休会となった。

だが、日本では、一〇月にはいると、南陸相や金谷参謀総長のそれまでの姿勢が変化してくる。

一〇月一日、南陸相は閣議の席で、「いま撤兵すれば非常に困難な立場になる」と発言し、撤兵への否定的な意見を述べた。このとき、幣原外相が、「撤兵したる後、交渉にはいるべし」との見解を示したのに対し、南陸相は、「懸案解決までは断じて撤兵すべからず」と主張した。さらに、一〇月五日には、南陸相は閣議で、「満州の独立［新政権樹立］を政府にて腹を定めよ」と提議し、一二日には、新政権に表面は不干渉とするが、裏面からの工作を肯定する姿勢を示している。

すなわち、従来の、満鉄沿線への撤兵、新政権不関与の姿勢から、撤兵拒否、新政権工作承認へと転じたのである。南に追随している金谷もまた同様であった。

こうして、一〇月八日、南陸相、金谷参謀総長、武藤教育総監の三長官会議は、満蒙問題は新政権と交渉して根本的解決を期すとする「時局処理方案」を決定した。これは、九月三〇日の七課長会議「満州事変解決に関する方針」に基づくもので、新政権の樹立には表面的関与を避け、裏面的に助力を与えるなどとしていた。「時局処理方案」は、翌九日、若槻首相に提出された。

さきにふれたように、南や金谷の撤兵論や新政権不関与論は、自らの政策的信念によるというよりは、内閣の意向を受けたもので、それほど断固としたものではなく、もともとその姿勢は不安定であった。したがって、関東軍への撤兵指示も実施されず、部内に対する新政権不関与の指示も七課長会議で事実上無視されるような状況のなか、一夕会系中堅幕僚らの執拗な突き上げを受け、ついに姿勢を転換させたのである。

なお、一〇月八日には、軍中央の許可なく、関東軍による錦州爆撃がおこなわれている。当時遼寧省西部の錦州には、奉天を追われた張学良政権が暫定的に政府を置いていた。この爆撃は、それまでの日本政府の事件不拡大、漸次撤兵という国際的な言明を裏切ることになり、若槻内閣と国際社会に衝撃を与えた。石原ら関東軍の狙いもまたそこにあった。

この南陸相の姿勢転換とともに、若槻内閣の方針も変化しはじめる。朝鮮軍の独断越境時と同様、それまで内閣に協力的だった南陸相の辞職を回避するためだった。

錦州爆撃の翌九日、若槻内閣は、中国国民政府からの一〇月一四日までの撤兵要請を拒否する。鉄道問題や営業権など日中間での一定の協定成立後に、満鉄付属地内への撤兵を実施することとし、一二日、その旨を中国側に回答した。これは撤兵に新たな条件を付したものであった。それまで若槻内閣は日中間の直接交渉を要望していたが、撤兵そのものには、日本人居留民の安全確保のほかには特段の条件をつけず、その実行を表明していたのである。

また、一〇月中旬（一六日以前）、内閣は、満州における新政権樹立について、表立っての援助は認めないが、「裏からやることならば、やむをえない」ことに一致した。すなわち、裏面的ではあれ、満蒙新政権への関与を容認する姿勢に転換したのである。

さらに、一〇月二六日、内閣は「満州事変に関する第二次声明」を発表した。そこでは、部隊の全部を満鉄付属地内に帰還させることは、事態をさらに悪化させるとして、それまでの撤兵方針を大きく変化させ、既成事実を許容する姿勢を示した。

また同じころ内閣は、もはや張学良は東三省の政権としては意味をなさず、「支那側地方治安維持機関の発達」を促すべきだとして、満蒙新政権樹立を促進する方針を打ち出した。

ここに若槻内閣はそれまでの方針を大きく転換し、南満軍事占領と新政権樹立を事実上容認する姿勢となったのである。ただ、若槻らは、南陸相の辞職を回避し、南陸相、金谷参謀総長との連携を回復することによって、これ以上の関東軍の暴走をくいとめようとしていた。関東軍をコントロールするには、南、金谷からの協力が絶対に必要だったからである。

また、国際関係においても、このラインまでなら、当面事態が沈静化するまでは、国際連盟やアメリカなどから、公式上の非難はともかく実際は受け入れられうるのではないか、と考えていた。ただ、これが、連盟規約や九ヵ国条約などへの対応からしても、ぎりぎりのラインだとみていた。

三、犬養政友会内閣の成立と荒木陸相の就任

だが、若槻内閣や南陸相、金谷参謀総長が、関東軍や永田ら中堅幕僚層に引きずられたのはここまでであった。

一一月に入って、関東軍は北満黒竜江省都チチハルへの進撃を企図したが、ソ連との衝突を危惧する軍中央首脳部は、これを阻止すべく、臨時参謀総長委任命令（臨参委命）を発動し、関東軍の動きをより強力にコントロールしようとした。若槻内閣も、国際的な考慮から、関東軍の動きを止めるよう南陸相や金谷参謀総長に強く求めた。臨参委命とは、本来は天皇の統率下にある出先の軍司令官を、勅許によって参謀総長が直接指揮命令できる権限であり、関東軍ら出先機関への統制力を強化するための処置であった。

南陸相、金谷参謀総長は、これによって関東軍のチチハルの長期占領企図を阻止し、さらに、張学良政権のある錦州に進撃しようとする関東軍を押しとどめた。錦州はイギリス権益の関与する北京・奉天間鉄道（京奉線）の沿線に位置した。関東軍の錦州侵攻についても、若槻内閣は、南や金谷に、その阻止を強く要請していた。

じつはこのとき、これまでとは違ったレベルでの、陸軍中央首脳部と一夕会系中堅幕僚層の意見の相違が表面化する。陸軍中央のなかで、南陸相や金谷参謀総長のみならず、宇垣系

の杉山陸軍次官、二宮参謀次長、小磯軍務局長、建川作戦部長なども、対ソ・対英考慮から、チチハル占領や錦州占領には反対だった。彼ら陸軍首脳部は、関東軍司令官以下主要幕僚の更迭も辞さずとの強い姿勢を示した。陸軍中央首脳部の断固たる姿勢に、関東軍はやむなくチチハル進撃、錦州攻撃を断念したのである。また、南、金谷ら陸軍中央首脳部は、満蒙独立国家建設にも批判的で、関東軍の方針を認めなかった。若槻内閣も満蒙独立国家建設は絶対容認しない姿勢だった。

だが、永田ら一夕会系中央幕僚層は基本的に関東軍の動きを支持しており、当初から北満を含めた全満州の事実上の支配を考えていた。また、張学良政権の覆滅は当然のことで、したがって錦州攻撃も容認さるべきとの姿勢だった。さらに満蒙独立国家方針も容認していた。

南満軍事占領（錦州方面を除く）と新政権樹立までは、永田、岡村ら一夕会系中央幕僚たちは、建川、小磯ら宇垣系強硬派を巻きこんで、ついには南、金谷も動かし、事態を推し進めてきた。だが、北満チチハル占領や錦州侵攻の問題、さらには独立国家建設の問題では、陸軍首脳部を動かせなかったのである。また関東軍もその動きを封じられた。

しかしその後、後述するように、若槻内閣が総辞職し、犬養毅《つよし》政友会内閣において、一夕会が擁立する荒木貞夫が陸相に就任すると、北満ハルビン占領、錦州占領が実施される。また南陸相時の宇垣系軍首脳部が、ほとんど一掃されることになる。

この間に、いわゆる十月事件が起こる。

橋本欣五郎参謀本部ロシア班長らは、桜会メンバーを中心に、近衛師団・第一師団より兵力を動員してクーデターを起こし、荒木教育総監部本部長を首班とする軍事政権を樹立しようと計画。一〇月下旬決行予定であった。しかし計画は事前に露見し、一〇月一七日、橋本ら首謀者が憲兵隊に保護検束され、事件は未遂に終わった。

橋本らの計画を知った永田軍事課長、東条編制動員課長、渡久雄欧米課長、小畑敏四郎陸大教官ら一夕会中心メンバーは計画阻止の方向で動いた。このとき永田は、「抜かずに内閣にすごみをきかせる方が得策だ」との発言を残している。報告を受けた軍首脳部は橋本ら首謀者を保護検束することに決し、一七日早朝実行された。

なお、桜会は、一九三〇年（昭和五年）一〇月、橋本ら参謀本部第二部の少壮幕僚を中心に隊付将校も加わって結成され、その中枢部はクーデターによる国家改造の実現をめざし、三月事件にも関与していた。根本博、武藤章ら一部の一夕会メンバーも会員となっており、根本は十月事件で検束されている。なお、岡村ら一夕会の指導的メンバーもこのころには「国家改造」の必要に言及するようになっていた。ただ、十月事件関係者への処分は、短期の重謹慎など軽微な処分にとどまった。

この十月事件は、軍のクーデター未遂事件として政界にも大きなインパクトを与えた。さきのような「満州事変に関する第二次声明」などの若槻内閣の政策転換にも少なからぬ影響があったと考えられている。

さて、一〇月末、民政党で若槻首相に次ぐ位置にあり、かつ職務上十月事件などの情報を警視庁から得ていた安達謙蔵内相は、政友会との協力内閣案を若槻首相に提案し、いわゆる協力内閣運動が動きはじめた。安達が軍との関係をどのように考えていたかについては議論があるが、当時犬養毅政友会総裁は、「陸軍の根本組織から変えてかからなければならないが、そうなると政友会一手ではできない。どうしても連立して行かなければ駄目だと思う」との発言を残している。当初若槻は安達の意見に賛同していたようであるが、井上準之助蔵相や幣原外相ら閣僚の強い反対をうけて協力内閣案には否定的となった。安達はそれを了承せず、閣議出席を拒否し若槻内閣を総辞職に追い込んだ（一二月一一日）。若槻内閣・南陸相下で、動きを封じられていた関東軍や永田ら一夕会にとっては、絶妙のタイミングであった（このときの安達の不可解な動きについては、拙著『満州事変と政党政治』参照）。

一九三一年（昭和六年）一二月一三日、元老西園寺らの奏薦によって犬養毅政友会内閣が成立。一夕会が擁立しようとした三将官の一人荒木貞夫教育総監部本部長が陸軍大臣となった。このとき永田は、政友会の有力者小川平吉に、次のような書簡を出している。

陸相候補につき、至急申し上げます。……長老［は］あるいは阿部中将を推すかも知れず、……少なくも候補の一人に出ることとは思いますが、同中将では今の陸軍は納まりません。……今日、同氏は絶対に適任ではありませせぬ。荒木中将、林中将（銑十郎）

あたりならば衆望の点は大丈夫に候。この辺の消息は森恪氏も承知しある筈です（……最近阿部熱高まりしは宇垣大将運動の結果なりとて、部内憤慨致し居り候）。［……は中略、以下同じ］

宇垣の推す阿部信行前陸軍次官を退け、荒木か林を陸相に、との趣旨である。小川は犬養への書簡で、この永田の意見を、陸軍要路のきわめて公平なる某大佐からのものとして伝え、自らも荒木が最適任としている。

政友会へは一夕会関係で永田、小川平吉のルートだけではなく、鈴木貞一から党内有力者の森恪にも働きかけている。鈴木はのちに次のように回想している。

陸相の推薦は大体一人に絞って陸軍から出すのが慣例だった。だが、その当時の陸軍首脳の空気だと、荒木ではなく別の人物が推薦される形勢だった。鈴木と森は、荒木が陸相となることを望んでいた。そこで、犬養が「陸軍の方で陸相候補を一人に絞らずに、出来れば二人か三人出してもらいたい。その中から総理が選びたい」。そう陸軍に要請するよう森恪を通じて犬養に工作した。そうして陸軍は複数の候補者を出し、その中から犬養は荒木を選んだ。荒木を取ったについては、森恪の影響力が強かった、と。

当時、陸相候補を推薦する陸軍三長官会議は、南陸相、金谷参謀総長、武藤教育総監で構成されていた。南、金谷は宇垣系の阿部を推し、武藤は真崎と同じ佐賀系で荒木を推していた。したがって、陸相候補を一人に絞れば、阿部が陸相となる可能性が高かった。そこで、永田ら一夕会は、まず、犬養から陸相候補を複数推薦するよう要請させ、さらに、そこから荒木を陸相に任命するよう、森恪や小川平吉を通して、働きかけたのである。

実際には、組閣前夜、陸軍は、民政党を主体とする内閣および協力内閣の場合は南陸相が留任し、政友会単独内閣の場合には荒木または阿部を推すことを決めた。犬養首相は当初南陸相の留任を希望したが、南は辞退するとともに阿部と荒木を推挙し、結局犬養は荒木を陸相としたのである。

すなわち、永田ら一夕会は、陸軍首脳からは公式に阿部と荒木を推薦させ、政友会への政治工作によって荒木陸相の実現を図ったのである。この荒木の陸相就任は重要な政治的意味をもっていた。

荒木貞夫

荒木は陸相に就任するや、皇族の閑院宮《かんいんのみや》載仁《ことひと》親王《しんのう》を参謀総長にすえるとともに、翌年一月には、台湾軍司令官の真崎甚三郎を参謀次長におき、以後真崎が参謀本部の実権をにぎることとなる。真崎もまた一夕会が推す三将官の一人であった。

荒木、真崎は、二月には、今村作戦課長を在任半年で強引に更迭して、小畑敏四郎を後任に就かせ、軍務局長には山岡重厚を任命。四月、永田が情報部長、山下奉文が軍事課長に就任。また小畑が在任わずか二ヵ月で運輸通信部長に転じ、後任の作戦課長には鈴木率道が就く。彼らはすべて一夕会会員だった。そして、宇垣系の杉山、二宮、建川、小磯らは中央から追われ、宇垣系は、すべて陸軍中央要職から排除された。陸軍における権力転換がおこなわれたのである。

一方、荒木陸相就任直後の前年一二月二三日、「時局処理要綱案」陸軍省・参謀本部協定第一案がつくられ、「満蒙（北満を含む）は、これを差当り支那本部政権より分離独立せる一政権の統治支配領域とし、逐次《ちくじ》帝国の保護的国家に誘導す」とされた。陸軍中央で公式に満蒙独立国家建設が具体的プログラムにのぼったのである。中国主権下での新政権樹立から独立国家建設へ、満蒙政策の大きな変化であった。なお、中国本土については、排日排貨の根絶を要求するとともに、反張学良、反蔣介石勢力を支援し国民党の覆滅を期す。また、必要があれば重要地点での居留民保護のため出兵を断行する、としている。

この陸軍「時局処理要綱案」の満蒙政策方針を基本に、一九三二年（昭和七年）一月六日には、満蒙を当面独立政権下におき、「逐次一国家たるの形態を具有するごとく誘導す」との、陸軍省・海軍省・外務省関係課長による三省協定案が策定されていた（陸軍側は永田軍事課長）。そして、三月一二日、犬養内閣は、「満蒙は、支那本部政権より分離独立せる一政権の統治支配領域となれる現状に鑑み、逐次一国家たるの実質を具有する様これを誘導す」

との、「満蒙問題処理方針要綱」を閣議決定した。独立国家建設方針が内閣の正式承認を得たのである。すでに三月一日、満州国建国宣言は、関東軍主導のもと前黒竜江省長張景恵を委員長とする東北行政委員会によってなされていた。

なお、同年八月、永田は石原に「満州は逐次領土となす方針なり」と述べ、石原の独立国家論と対立している。永田は、なお満蒙領有論を捨てていなかったようである。

さて、荒木陸相、真崎参謀次長下の陸軍中央は、関東軍の要請に応じて、前年一二月一七日、二七日と、本土・朝鮮より満州に兵力を増派。二八日より、約二個師団の兵力で錦州を攻撃し、翌年一月三日、錦州を占領した。また、一月二八日、関東軍は参謀本部の承認のもとに北満ハルビンへの攻撃を開始、二月五日、ハルビンを占領した。また、チチハルも前年一二月一五日より長期占領の態勢になっていた。ここに日本軍は、満州の主要都市をほとんどその支配下におくこととなった。柳条湖事件より四ヵ月半であった。

その間、一月二八日、上海で日中両軍が衝突する上海事変が起こっている。これは、よく知られているように、板垣関東軍高級参謀から列国の注意を満州からそらすよう依頼を受けた、田中隆吉上海公使館駐在陸軍武官補佐官の謀略によるものであった。停戦協定調印は、五月五日となる。

国際連盟は、一〇月八日の関東軍による錦州爆撃に態度を硬化させ、まず、一六日、アメリカをオブザーバーとして連盟理事会に招聘することを決定。二四日には理事会で、日本がただちに撤兵を開始し、一一月一六日までに撤兵を完了させるよう求める決議案が提出された。評決では日本のみ反対し、一三対一で賛成多数であったが、全会一致の原則から決議は正式には成立しなかった。

だが、若槻内閣総辞職の前日一二月一〇日、連盟理事会は現地への調査団派遣を決定。翌年二月三日、リットン調査団がヨーロッパを出発し、二九日に来日した。また、アメリカのスティムソン国務長官は、一月七日、満州に関して中国の領土保全や不戦条約に反するような事態は一切認めないとする、いわゆる不承認宣言（スティムソン・ドクトリン）を発表した。

このようななかで満州国建国宣言がなされ、閣議決定「満蒙問題処理方針要綱」によって、満州事変は一つの区切りを迎えるのである。

なお、満州事変について、一般には関東軍に陸軍中央が引きずられたものとの見解がある。だが、これまでみてきたように、関東軍に引きずられたというより、中央の一夕会系中堅幕僚グループが、それに呼応し陸軍首脳を動かしたというべきであろう。したがって、満州事変は、石原・板垣らの関東軍と、陸軍中央の永田・岡村・東条ら一夕会系中堅幕僚グループの連携によるものといえよう。

さて、犬養政友会内閣は、閣議決定「満蒙問題処理方針要綱」において独立国家建設の方向を基本的に了承していた。だが、国際社会への考慮から、満州国の正式承認には消極的であった。そのようななかで、五・一五事件が起こる。一九三二年（昭和七年）五月一五日、三上卓、古賀清志ら海軍青年将校および陸軍士官候補生、愛郷塾生などが首相官邸、警視庁その他を襲撃、犬養毅首相を殺害した。

二二日、元朝鮮総督斎藤実（海軍大将・後備役）が元老西園寺らの奏薦を受けて首相に任命され組閣した。その後一九四五年（昭和二〇年）敗戦まで政党内閣は復活することなく、犬養内閣を最後に政党政治の時代は終わりをつげる。

斎藤内閣の陸相には荒木が留任し、同じころ林銑十郎が教育総監となった。参謀本部は真崎次長が実権を掌握しており、一夕会が推す荒木、林、真崎が事実上陸軍のトップを占める状態となったのである。

この間五月一七日、永田は、原田熊雄、近衛《このえ》文麿《ふみまろ》、木戸幸一ら西園寺側近グループと懇談したさい、次のように述べている。なお、約一ヵ月前の四月一一日から永田は参謀本部情報部長（陸軍少将）となっていた。

　現在の政党による政治は絶対に排斥するところにして、もし政党による単独内閣の組織せられむとするがごとき場合には、陸軍大臣に就任するものは恐らく無かるべく、結局、組閣難に陥るべし。

政党政治への強い否定的姿勢と、陸相の進退によって内閣をコントロールすることが示唆されているのが注意をひく。

なお、一夕会の小畑敏四郎、鈴木貞一も、同様の意見を原田ら西園寺側近グループに伝えている。彼らの意見が西園寺の判断にどれだけ影響を与えたかは不明だが、陸軍内で影響力をもつ中堅幕僚の意向として、西園寺にとっても軽視しえない意味をもっていたであろう。

このようにして成立した斎藤実内閣は、九月一五日、日満議定書を調印し満州国を正式に承認した。

満州国承認直後に発行された『外交時報』一〇月号に、永田は「満蒙問題感懐の一端」と題する文章を寄稿し、次のように論じている。事変は、多年にわたる「非道きわまる排日侮日」のなか、「暴戻なる遼寧軍閥［張学良］の挑発」に対して、余儀なく「破邪顕正の利刃」をふるったものである。「東洋の盟主」をもって任ずる日本が、「民族の生存権を確保し、福利均分の主張を貫徹するに、何の憚《はばか》る所があろうぞ」と。

これが永田らにとっての満州事変の公式的な位置づけであったといえよう。

さて、一九三二年（昭和七年）一〇月二日、日本軍の行動および満州国は承認できないとする、国際連盟リットン報告書が公表された。斎藤内閣は、すでに八月二七日に、場合によっては連盟脱退も辞せずとする方針を打ち出していた。翌年二月一四日、リットン報告書の審議を付託された連盟一九人委員会は、リットン報告書採択、満州国不承認の報告案を決定。報告案を入手した斎藤内閣は、報告案が総会で可決された場合には連盟を脱退することを閣議決定した。

陸軍中央も、満州事変は自衛権の発動であり、満州国樹立は中国内部の分離運動によるものだ、との日本側の主張が認められなければ、連盟脱退もやむなしとの判断だった。

二月二四日、連盟総会は、一九人委員会の報告と撤退勧告案を、賛成四二、反対一（日本）、棄権一で採択し、松岡洋右《まつおかようすけ》以下日本代表団は即座に退場した。そして、三月二七日、国際連盟脱退が正式に通告された。

ところで、満州国は、形式的には、東三省のみならず、内モンゴル東部の熱河省（長城北側）も領域内に含むかたちになっていた。しかし、熱河省は、実際上はなお張学良勢力の強い影響下にあり、関東軍はそこを満州国に編入しようとしていた。

陸軍中央は、関東軍の熱河編入の方針を認めていたが、当初、国際的な考慮から軍事的な侵攻を許可していなかった。だが、その後、関東軍の強い要求で熱河攻略を決定した。

二月一七日、斎藤内閣は、陸軍の要請によって熱河省への軍事侵攻を承認。二四日の国際連盟における撤退勧告案可決（事前の閣議決定により連盟脱退が事実上確定）を受けて、翌日から本格的な関東軍の熱河作戦がはじまった。三月四日には省都である承徳を占領し、一〇日前後には長城線に達した。

一方、天津特務機関長となった板垣征四郎は、当地で反蔣介石勢力によるクーデターを起こさせ、熱河作戦に呼応して現地に親日満政権を樹立させるための謀略工作をおこなっていた。この謀略工作には、この種の工作を担当する参謀本部情報部長である永田も関係しており、反蔣政権樹立の関係工作資金を板垣に手渡している。そのさい永田は、「蔣介石は敵と看做す」とし、国民党打倒を標榜《ひょうぼう》するわけではないが、「日本の根本的要求に適せざる主義および党派は、これを［北支から］除くの外なし」との意見を述べている。しかし、結局この謀略工作は失敗し、反蔣政権樹立はならなかった。

関東軍は、四月一〇日には長城線を突破し、河北省内部に侵攻したが、まもなく撤退した。だが、五月三日、関東軍は再び長城をこえて河北省に侵入。北京、天津方面に向かった。このとき、真崎参謀次長は、現北支政権を屈服させるべき旨の指示を含む、「北支那方面応急処理方案」を北京、天津などの陸軍各機関に伝えている。そこでは、熱河省を含めた満州国の安定的統治のため、北京、天津地区での親日満政権樹立を図ろうとする板垣らの謀略工作を容認していた。

その後も関東軍は進撃をつづけ、五月下旬はじめには、北京（北平）に数十キロの地点にまでせまった。五月二五日、中国側はついに日本側に停戦を求め、三一日、河北省東部に非武装地帯を設けることなどを定めた塘沽《タンクー》停戦協定が締結された。

一般に、ここまでが満州事変期とされる。

第三章

昭和陸軍の構想
——永田鉄山

永田鉄山（写真：講談社）

一、国家総動員論

では、陸軍の一夕会系中堅幕僚は、どのような考え方に基づいて満州事変を起こそうとしたのだろうか。その背景にどのような構想をもっていたのだろうか。その点を、一夕会系中堅幕僚の中心的存在であり、満州事変以降の陸軍を主導した人物の一人として知られる、永田鉄山の構想を中心に検討しておこう。

永田は、長野県諏訪出身で、陸大卒業後、大戦をはさんで断続的に合計約六年間、軍事調査などのためヨーロッパとりわけドイツ周辺に駐在した。そして、バーデン・バーデン以来、二葉会、木曜会、一夕会をリードするとともに、陸軍省整備局初代動員課長となり、満州事変期には、軍務局軍事課長に就いていた。軍事課長は、陸軍実務における最も中枢的なポストだった。その後も、参謀本部情報部長、陸軍省軍務局長として陸軍中枢の要職にあったが、一九三五年（昭和一〇年）八月、軍務局長在任中に執務室で刺殺される。二・二六事件は翌年、日中戦争突入はその翌年である。

では、永田はどのような構想をもっていたのだろうか。

ヨーロッパ滞在中に直接経験した第一次世界大戦から、永田は大きなインパクトを受けた。

第一次世界大戦は、一九一四年（大正三年）七月から一八年一一月まで、四年半近くの長期にわたってつづいた。それは、膨大な人員と物資を投入し、巨額の戦費を消尽したのみならず、戦死者九〇〇万人、負傷者二〇〇〇万人に達する未曽有の規模の犠牲と破壊をもたらした。そこでは、戦車、航空機など機械化兵器の本格的な登場によって、戦闘において人力より機械の果たす役割が決定的となった。そこから、兵員のみならず、兵器・機械生産工業とそれを支える人的物的資源を総動員し、国の総力をあげて戦争遂行をおこなう国家総力戦となったのである。

また今後、近代工業国間の戦争は不可避的に国家総力戦となり、同時にまた第一次世界大戦と同様、その勢力圏の交錯や提携関係によって、長期にわたる世界戦争となっていくことが予想された。

永田は、大戦によって戦争の性質が大きく変化したことを認識していた。すなわち、戦車・飛行機などの「新兵器」の出現と、その大規模な使用による機械戦への移行。通信・交通機関の革新による戦争規模の飛躍的拡大。それらを支える膨大な軍需物資の必要。これらによって、戦争が、陸海軍のみならず「国家社会の各方面」にわたって、戦争遂行のための動員すなわち「国家総動員」をおこなう、国家総力戦となったとみていた。

そして、今後、先進国間の戦争は、勢力圏の錯綜や国際的な同盟提携など国際的な政治経済関係の複雑化によって、世界大戦を誘発すると想定していた。そこから永田は将来への用意として、次のように、国家総力戦遂行のための準備の必要性を主張する。

これまでのように常備軍と戦時軍動員計画だけで戦時武力を構成し、これを運用するのみでは、「現代国防の目的」は達せられない。さらに進んで、「戦争力化」しうる「人的物的有形無形一切の要素」を統合し組織的に運用しなければならない。したがって、そのような「国家総動員」の準備計画なくしては、「最大の国家戦争力」の発揮を必要とする現代の国防は成り立たない、と。つまり、大戦における欧米の総動員経験の検討からして、戦時の軍動員計画のみならず平時における国家総動員のための準備と計画が欠かせないというのである。

永田は、さらに、この国家総動員のための平時における準備として、資源調査、不足資源の保護培養、総動員計画の策定などの必要を指摘している。ことに不足資源の確保、すなわち戦時に向けた資源自給体制の確保の問題が重視されている。

この永田の国家総動員論について、いくつか注意をひかれる点についてふれておこう。

国家総動員の具体的内容は、国民動員、産業動員、財政動員、精神動員などからなっている。まず、国民動員は、軍の需要および戦時の国民生活の必要に応じるため、人員を統制・調整し、有効に配置することを意味する。必要な場合には、「国家の強制権」によって労務に服させる「強制労役制度」を採用することも指摘されている。他方、女性労働力の利用のため、託児所設立の必要などにも言及している。

産業動員は、兵器など軍需品および必須の民需品の生産・配分のため、生産設備・物資・

資源を計画的に配置することである。それに関連して、動員時の統一的使用が可能なよう工業製品の規格統一を図ること、軍需品の大量生産に適するよう生産・流通組織の大規模化を推進すべきこと、などが主張されている。永田は、産業組織の大規模化・高度化は、国家総動員のうえで有利なだけではなく、平時における工業生産力の上昇、国民経済の国際競争力の強化にもつながるとみていた。

次に、永田は当時の中高等学校や青年訓練所におけるいわゆる軍事教練について、それを「国家総動員準備の一つ」としての評価を与えている。

一九二五年（大正一四年）宇垣一成陸相（加藤高明護憲三派内閣）のもとで、四個師団削減の陸軍軍縮とともに現役将校配属による学校教練（中等学校以上）が導入され、翌年、学校生徒以外の一般青少年に兵式教練をおこなう青年訓練所が設置された。それとともに、在営年限がそれぞれ一年および一年半に短縮された。

このような「青少年訓練」について永田は、「国民総武装」を目的とするものではなく、「平時戦時を問わず国家に十分貢献の出来るような精神と体力とを有する人材を養成」することがその主旨であるとする。つまり単なる軍事動員のためのものではなく、国家総動員に備えるためのものだというのである。それは軍隊だけではなく、「あらゆる方面に対して従来よりも良材を送り出す」ためのものである。また、陸軍も軍隊教育上の負担の一部を軽減されるゆえに、在営年限を短縮することができ、「国民の世論であった兵役の負担軽減」が実現される。そう永田は青少年訓練の実施とそれにともなう在営年限の短縮を肯定的に捉え、それを推進しようとしていた。

また、永田は、平時の国家総動員中央統制事務機関として「国防院」の設置を主張している。長官には大臣格の人物を任用し、そのもとに国民動員・産業動員その他の総動員業務を主管する部局を置き、その職員には、それぞれ文官とともに陸海軍からも適任者を任命することとしている。

このような国家総動員準備機関は、一九二七年(昭和二年)、田中義一政友会内閣のもとで内閣資源局として実現した。資源局は、陸海軍からも各課にスタッフとして人員が配置され、翌々年から毎年「国家総動員計画」を作成している。ただ、この資源局の設置は、フランス国家総動員法成立、イタリア国家総動員令制定、アメリカ国家総動員法議会委員会提案など欧米の動向に対応したものでもあった。

以上のように永田は国家総動員に関する議論を展開しているが、そのほか彼が第一次世界大戦からどのような軍事的教訓をひきだしているか、国家総力戦の問題とかかわらせながら、もう少しみてみよう。

まず、大戦以降の戦争は、これまでとは異なり、「長期持久」となる場合が多いことを覚悟しなければならないという。したがって、「武力のみによる戦争の決勝は昔日の夢と化して、今や戦争の勝敗は経済的角逐に待つところが甚《はなは》だ大となってきている」と。現代の戦争は長期の持久戦となる可能性が高いため、経済力が勝敗の決定を大きく左右すると指摘しているのである。

それゆえ、たとえば中国やロシアのように現在弱体と考えられている国でも、潤沢な「資源」をもち、他国から技術的経済的「援助」を受けることができれば、徐々に大きな「交戦能力」を発揮するようになりうる。しかも、交通機関の発達や国際関係の複雑化により、随所に敵対者が発生することを予期しておかなければならない。それゆえ、従来のように近隣諸国の事情や仮想敵国の観念に捉われるのではなく、「世界の何れの強国をも敵とする場合がある」ことを予想し、それに備えなければならない。こう永田は主張している。

すなわち、それまで陸軍は主にロシアを仮想敵としてきたが、今後は、そのような観念に捉われるべきでないというのである。つまり、同盟・提携関係の存在（日本も含まれる）を前提に、たとえば、国際関係や戦局の展開によっては、ロシアのみならず、アメリカ、イギリス、フランス、ドイツなどの強国でも敵側となる可能性がありうる。したがって、それに対応しうる準備が必要だということを示唆していた。仮想敵国を特定しないということは、逆にいえば、提携関係におけるフリーハンドを意味している。この点は、後述する宇垣一成の構想と比較して興味深いところである。

このように世界の強国との長期持久戦をも想定するとすれば、永田のみるところ、帝国の版図内における国防資源はきわめて貧弱であり、なるべく「帝国の所領に近い所」に、この種の資源を確保しておかなければならない。この不足資源の確保・供給先として、永田は満蒙を含む中国大陸の資源を念頭においていたが、この点は彼の中国論と関連するので後述する。

次に永田は、大戦において、戦車、飛行機、大口径長距離砲、毒ガスなど新兵器、新軍事技術によって「物質的威力」が飛躍的に増大し、それへの対応が喫緊の課題として迫られることとなるとみていた。これらの新兵器はきわめて強大な破壊力を有し、その威力に対しては、旧来の兵器のままでは、いかに十分な訓練を受けた優秀な将兵でも、まったく対抗できない。したがって、新兵器など装備の改良とそれに対応する軍事編制の改変、強力な兵器の大量配置によって、「軍の物質的威力の向上利用」を図らなければならない。

このように永田は、大戦における兵器の機械化、機械戦への移行を認識しており、それへの対応が国防上必須のことだと認識していた。またそれらの指摘は、日本軍の旧来の肉弾白兵戦主義、精神主義への批判を内包するものでもあった。

だが、このような軍備の機械化・高度化を図るには、それらを開発・生産する科学技術と工業生産力を必要とする。ことに戦車、航空機、各種火砲とその砲弾など、莫大な軍需品を供給するために「いかに大なる工業力を要するか」は、容易に想像しうるところである。すべての工業は軍需品の生産のために、ことごとく転用可能である。したがって、一般に「工業の発達すると否とは国防上重大な関係」がある。そう永田は考えていた。機械化兵器や軍需物資の大量生産の必要を重視していたのである。

では、日本の現状は、そのような観点からして、どうであろうか。

まず、飛行機、戦車など最新鋭兵器の保有量そのものについてみると、永田によれば、大戦休戦時、飛行機は、フランス三二〇〇機、イギリス二〇〇〇機、ドイツ二六五〇機などに対して、日本約一〇〇機。欧州各国と日本との格差は、二〇倍から三〇倍である。その後も日本の航空界全体の現状は、「列強に比し問題にならぬほど遅れて居る」状況にあり、じつに「遺憾の極《きわ》み」だという。戦車は、一九三二年（昭和七年）初頭の段階でも、アメリカ一〇〇〇両、フランス一五〇〇両、ソ連五〇〇両などに対して、日本四〇両とされる。その格差は歴然としている。

工業生産力については、永田もその一員だった臨時軍事調査委員グループで、大戦開始前一九一三年時点での日本を含め各国の工業生産力比較がなされている。それによると、たとえば、鋼材需要額で、日本八七万トン、アメリカ二八四〇万トン（日本の三二・六倍）、ドイツ一四五〇万トン（一六・七倍）、イギリス四九五万トン（五・七倍）、フランス四〇四万トン（四・六倍）であった。永田も当然この数値は承知していた。

このように永田は、欧米列強との深刻な工業生産力格差を認識し、工業力の「貧弱」な現状は、国家総力戦遂行能力において大きな問題があると考えていた。したがって、「工業力の助長・科学工芸の促進」が必須であり、国防の見地からして重要な工業生産、とりわけ

「機械工業」などの発達に努力すべきとしていた。そしてそれには、「国際分業」を前提とした対外的な経済・技術交流の活発化によって工業生産力の増大、科学技術の進展を図り、さらに「国富を増進」させなければならないという。

だが他方、永田は、戦時への移行プロセスにさいしては、国防資源の「自給自足」体制が確立されねばならないとの考えであった。とりわけ不足原料資源の確保が、天然資源の少ない日本においては、最も重要なこととされた。この原料資源確保を重視する観点は、ドイツが四年半にもわたって継戦することが可能となったのは、連合国側の重要な油田、炭田、鉄鉱地などを占領し、それらの資源を確保しえたからであり、また、その敗戦の原因となったのも、必要資源の自給体制が整っていなかったからだとの判断に立っていたからである。

そこから永田は、国防に必要な諸資源について、国内にあるものは努めてこれを保護するとともに、国内に不足するものはなんらかの方法で対外的に「永久にまたは一時的にこれを我の使用に供しうるごとく確保」することが、国防上緊要だというのである。そして、純国防的な見地からすれば、国防資源の「自給自足が理想」であるとする。

平時は、工業生産力の発達を図るために、欧米や近隣諸国との国際的な経済や技術の交流が必須だと永田は考えていた。したがって、外交的には国際協調の方向が志向されることとなる。それが国際協調をとる政党政治に協力的であった宇垣軍政に、ある時期まで永田が政策上必ずしも否定的でなかった一つの要因だった。ただし、それは政策上職務上のことであり、すでにみたように、内心では長州閥に連なる宇垣への対抗姿勢は一貫していた。

だが、実際に戦争が予想される事態となれば、国家総力戦遂行に必要な物的資源の「自給自足」の体制をとることが必須となり、とりわけ不足原料資源の確保の方策をとらなければならない。これが永田の基本的な姿勢であった。

以上のような認識をベースに、もし今後本格的な戦争が起こるとすれば、「国を挙げて抗戦する覚悟」を要し、それには「国家総動員」が求められる、とするのが永田の基本的な主張であった。

二、国際連盟批判と対中国政策

原敬や浜口雄幸など当時の代表的な政党政治家も、第一次世界大戦以降もし先進国間に戦争が起これば、それは高度の工業生産力と膨大な資源を要する国家総力戦となるとみていた。

しかし、彼らは財政・経済・資源の現状からみて、もし次の大戦が起これば、日本はきわめて困難な状況に陥ると判断していた。したがって、次期大戦の防止を主要目的として創設された国際連盟の戦争防止機能を積極的に評価し、その役割を重視していた。ことに浜口は、連盟の存在とその機能を補完する、平和維持にかかわる多層的多重的な条約網（中国の領土保全・門戸開放に関する九ヵ国条約、ワシントン海軍軍縮条約、不戦条約、ロンドン海軍軍縮条約など）の形成によって、近代工業国間の戦争さらには世界大戦は抑止しなければならないし、抑止できると考えていた。いわば戦争抑止論の見地に立っていた。そのような観点から、これらの条約によって構成されるワシントン体制を尊重し、それによって東アジアと太平洋の国際関係を安定化させようとしていたのである。

これに対して永田は、これからも近代工業国間の戦争を防止することはできず、したがって次期大戦も回避することは困難だとする、戦争不可避論の見地に立っていた。

まず、大戦後の実際のヨーロッパ情勢において、戦争の原因はなお除去されていないと永田はみていた。ドイツは、全面的な軍事的敗北によるというよりは、全面的な破滅から自国を救い、将来の再起を期すために講和を結んだ。その意味で「国家の生存発達に必要なる弾力」を保存しつつ、「大なる恨み」を残して平和の幕を迎えたといえる。ドイツの「軍国主義」「外発展主義」などは、民族固有のもの、もしくは新興国としての境遇に基づくものであり、またイギリスやアメリカの「自由主義」「平和主義」も、一面彼らの「国家的利己心に基づく主張態度」である。したがって将来なお久しきにわたって互いに角逐抗争することは免れない状況にあり、ヨーロッパでの「紛争の勃発」は、時期の問題はともかく、不可避的なものである。永田は、大戦後の欧州情勢をこう捉えていた。

後述するように、永田は次期大戦を不可避と考えていたが、その口火は、ドイツをめぐってヨーロッパから切られる可能性が高いと判断していたといえよう。

また、国際連盟の有効性についても、永田は否定的な判断をもっていた。連盟が「欧州大戦の恐るべき惨禍」の教訓から、戦争の防止、世界の平和維持のために創設された組織だということは、永田も十分認識していた。連盟は、国際社会をいわば「力」の支配する世界から「法」の支配する世界へと転換しようとする志向を含むものである。そのことは、理念として、国際社会における原則の転換を図り、国際関係に規範性を導入しようとする試みだといいうる。永田は連盟をそのような意義をもつものと位置づけていた。近衛文麿や北一輝、大川周明などのように、単純に、連盟を欧米列強の世界支配のためのシステムだとは考えてはいなかった。だが、永田のみるところ、問題は、連盟の定める「実行手段」が、果たしてその標榜する理念を達成しうるかどうかにあった。

これまでの国際公法や平和条約は、それを権威あらしめる制裁手段すなわち「力」をまったく欠いていた。それに比して国際連盟は、「平和維持」のための「法の支配」を基本原則とし、法の擁護者としての「力」の行使をも認めている。したがって、連盟が、制裁手段として「協同の力」を認めた点は、従来の国際公法や平和条約などに比して「一歩を進めた」といえる。

しかし、にもかかわらず、その「力」は、大なる権威をもって加盟各国に連盟の決定を強制しうる性質のものではなく、その意味で国家をこえるような「超国家的なもの」ではない。連盟は「国際武力の設定」に至らず、紛争国に対して、その主張を「枉《ま》げさせる」に足る権威をもたない。したがって、連盟の行使しうる戦争防止手段はその実効性と効果において大いに疑わしい。そのような超国家的権威をもたない連盟は、世界の平和維持の「完全な保障たり得ない」といわざるをえない。永田はそう考えていた。

このように列国間における紛争の要因は、さきの大戦によって取り除かれたとは思えないし、またそのような紛争が起こった場合、それを平和的に解決する手段や方法について根本的には解決されていない。したがって、今の平和は、むしろ「長期休戦」とみるのが安全な観察である。こう永田は結論づけるのである。

さらに、永田は、一九世紀以降における日米英露独仏伊など「世界列強」九ヵ国の対外戦争についての検討から、戦争波動論ともいうべき特徴的な認識をもっていた。すなわち、一九世紀以降、世界を通じて観察すれば、戦争と平和が波動的に生起しており、列強各国平均の戦争間隔年数は約一二年、戦争継続年数は約一年八ヵ月だという。その期間はともかく、戦争の波動的生起に対して、ある種の周期性、歴史的規則性が想定されていた。したがって今後も、列強間の戦争の波動的生起の可能性は十分にあると考えていたのである。

もちろん永田においても、戦争を積極的に欲していたわけではなく、平和が望ましく、永久平和の実現が理想であるとの見地に立っていた。だが、連盟の創設によっても、その実現は不可能で、前述した大戦後の欧州情勢における列国間での戦争再発や、戦争の波動的生起を阻止できず、その意味で「戦争は不可避」である。そう永田はみていた。

永田は、「将来の戦争は世界戦を引き起こしやすく、その惨禍は想像に余りある」。したがって、極力戦争を避けなくてはならない。しかも「勝利者の勝利はとうてい払った犠牲に及ぶべくもない」との認識をもっていた。にもかかわらず、これまでみてきたような理由から、列国間の戦争の再発、次期大戦は、避けることができないと考えていたのである。

したがって永田は、次期大戦は不可避であり、それは、前述のように、ドイツ周辺から起きる可能性が高いと判断していた。このような見方が、これ以後の永田構想の基本的な背景となる。このことはあまり知られていないが、軽視しえない点であり、後述する統制派系幕僚（武藤章や田中新一など）の考え方にも影響を与えた。

また、もし世界大戦が起これば、列国の権益が錯綜している中国大陸に死活的な利害をもつ日本も、否応なくそれに巻きこまれることになる。したがって、日本も次期大戦に備えて、国家総動員のための準備と計画を整えておかなければならない。永田はそう考えていた。

さて、国家総動員を要する事態となれば、各種軍需資源の「自給自足」体制が求められることとなる。だが永田のみるところ、帝国の版図内における国防資源はきわめて貧弱で、「重要国防資源の自給を許さぬ悲しむべき境涯」にあり、したがって自国領の近辺において必要な資源を確保しておかなければならないとの判断をもっていた。この不足資源の供給先として、永田においては、満蒙を含む中国大陸の資源が強く念頭におかれていた。

永田は、主要な軍需不足資源のうち、ことに中国資源と関係の深いものについて検討を加えた、「主要軍需不足資源と支那資源との関係一覧表」（一九二七年）を示している。その一覧表では、品目として、鉄鉱石、鉄、鋼、鉛、錫、亜鉛、アンチモン、水銀、アルミニウム、マグネシウム、石炭、石油、塩、羊毛、牛皮、綿花、馬匹の一七品目の重要な軍需生産原料を取り上げ、それぞれについて、軍事用の用途、帝国内での生産の概況、「満蒙」「北支那」「中支那」の各地域で利用しうる概算量、それぞれの資源の需給に関する「観察」が記されている。ちなみに、この一七品目は当時重要とされた軍需資源をほとんど網羅していた。

そこでは、たとえば、鉄鉱石について次のように記されている。本土で七万トン、朝鮮で三五万トン産出し、百数十万トンを中国などから輸入している。満蒙において産額は多くはないが埋蔵量すこぶる多く、北支は産額相当にあり、中支もすこぶる多い。したがって観察として、「資源豊富にして且つ近き支那に之を求めざるべからず」とされている。

また、石炭は、帝国内で三千数百万トン産出するが、優良炭に乏しい。満蒙、北支、中支ともに、産額すこぶる多く、優良炭は、北中支に多い。「戦時不足額は殆んど満蒙及北支那のみにて補足し得るが如し。優良炭の一部は中支那より取得するを要すべし」との観察である。

このように一七品目についてそれぞれ検討をおこない、それら不足軍需資源のほとんどについて、満蒙および華北・華中からの供給によって確保可能であり、また観察として、そこからの取得が必要だとされている（ただ石油については十分な見通しが立っていない）。そして、この一覧表について、次のような、文字通り暗示的なコメントを付している。

これを子細に観察せば、帝国資源の現状に鑑みて官民の一致して向かうべき途、我国として満蒙に対する態度などが不言不語《いわずかたらず》の間に吾人に何らかの暗示を与うるのを感じるであろう。

すなわち、永田にとって、中国問題は基本的には国防資源確保の観点から考えられ、満蒙および華北・華中が、その供給先として重視されていた。とりわけ満蒙は、現実に日本の特殊権益が集積し、多くの重要資源の供給地であり、華北・華中への橋頭堡《きょうとうほ》として、枢要な位置を占めるものであった。

ちなみに、一九二〇年代の陸軍主流をなしていた宇垣一成は、長期の総力戦への対処として軍の機械化と国家総動員の必要を主張しており、その点では永田と同様であった。だが、基本戦略としてワシントン体制を前提に米英との衝突はあくまでも避けるべきとの観点に立っており、主にソ連との戦争を念頭に、中国本土が含まれないかたちでの、日本・朝鮮・満蒙・東部シベリアを範域とする自給自足圏の形成を考えていた。それは、資源上からも厳密な意味での自給自足体制たりえず、不足軍需物資は米英などからの輸入による方向を想定していた。したがって、中国本土については米英と協調して経済的な発展を図るべきであるとの姿勢であった。英米ともに中国本土には強い利害関心をもっていたからである。また、もし次期大戦が起これば、当然米英と提携することが想定されていた。

だが、永田からみれば、それでは大戦にさいして、国防上「独自の立場」、自主独立の立場を維持することができないことになる。軍需資源を米英から輸入することを前提にしていれば、それに制約され、提携関係も選択の余地なく米英側とならざるをえない。そのように提携関係においてあらかじめ選択を限定されれば、「国防自主権」、国防上の方針決定のフリーハンドを確保することができない。いわば国防的観点からみて国策決定の自主独立性が失われる。この点が、宇垣に永田が最も距離を感じ、反発していたところだった。もちろん、このことは米英との提携をアプリオリに拒否するものではなく、あくまでも敵対・提携関係のフリーハンドを確保しておこうとの意図からであった。このような観点は、武藤章ら統制派系幕僚にも受け継がれる。

宇垣のスタンスと異なり、永田の場合は、米英との対立の可能性も考慮に入れ、中国の華北華中を含めた自給圏形成を構想していたのである。

では、これらの中国資源確保の方法として、どのような具体的な方策が考えられていたのだろうか。もし日中関係が安定しており、なんらかの提携・同盟関係にあれば、戦時下においても必要な資源の供給を受けることは不可能ではなかった。だが、永田は当時の中国国民政府の「革命外交」と排日姿勢のもとでは、実際上それは困難だと判断していた。

したがって、この点について永田は、平時において、種々の方法で可能なかぎり確保できるような方策を立てておくべきだが、やむをえなければ、中国を「無理に「も」自分「日本」のものにする」方法をとらねばならないと考えていた。すなわち、場合によっては、軍事的手段など一定の強制力による中国資源確保、すなわち満蒙・華北・華中を含めた自給圏の形成が想定されていた。したがって、「国防線の延長は、固有の領土ないし「現在の」政治上の勢力範囲から割出したものに比し長大」なものとなるという。

なお、永田は中国の排日姿勢の背景には、政党政治の英米協調路線による国防力の低下があるとみていた。日露戦争によって獲得した満蒙権益は、その後米英などの圧力により削減された。さらにワシントン会議における九ヵ国条約や海軍軍縮条約によって、中国大陸での行動に強い制約を受け、米英と比較して国防力の低下を招いた。そのことが、中国国民党の「革命外交」による排日侮日を激化させ、張学良下の奉天軍閥の反日姿勢とともに、自給資源確保のうえで橋頭堡的な意味をもつ満蒙の既得権益を危くしている。そのことからまた、戦時に向けての軍需資源全体の自給見通しの確保についても、通常の外交交渉による方法ではきわめて困難な状況に追いこまれつつあると判断していた。

ここからは中国大陸からの資源確保の具体的方策の方向性は、おのずと示されているといえよう。それが、永田にとっての満州事変であり、その後の華北分離工作（後述）であった。

このような方向は、政党政治の中国政策とはもちろん、宇垣のそれとも異なるものであり、ワシントン体制とりわけ中国の領土保全と門戸開放を定めた九ヵ国条約と、厳しい緊張を引き起こす可能性をもつものであった。

さきにふれた、木曜会の満蒙領有方針も、この永田の構想から強い影響を受けていた。ただし、木曜会での東条発言は、満蒙領有の理由を対露戦争準備のためとしているが、それはロシアを仮想敵国とする伝統的な観念に馴染んでいる木曜会メンバーに、満蒙領有論を受け入れやすくするためであろう。満州事変の関東軍側首謀者石原莞爾も、満蒙領有さらには中国本土資源確保による自給体制の構築という明確なプランをもっていたが、大きくは、このような永田構想の枠のなかにあった。

なお、永田の政党政治や宇垣への主要な批判は、右に述べたような意味で、その国防上の固定的な米英協調路線（永田はそう見ていた）にあったといえる。また、国内政治体制の問題についても、永田は、政党政治の方向に対抗して、「純正公明にして力を有する軍部」が国家総動員論の観点から政治に積極的に介入すること、すなわち軍部主導の政治運営を主張している。

永田はいう。「近代的国防の目的」を達成するには、挙国一致が必要であり、それには政治経済社会における幾多の欠陥を「芟除《せんじょ》」しなければならない。だが、そのためには「非常の処置」を必要とし、それは従来の政治家のみにゆだねても不可能である。したがって、

「純正公明にして力を有する軍部」が適当な方法によって「為政者を督励する」ことが現下不可欠の要事である、と。

このような永田の構想が、満州事変以降の昭和陸軍をリードしていくことになる。その後、陸軍パンフレット『国防の本義と其強化の提唱』において、彼の考えはさらに展開されるが、軍務局長在任中、皇道派と統制派の派閥抗争のなかで殺害される。

次に、そのような事態の展開も含め、満州事変後の陸軍の動きをみていこう。

第四章

陸軍派閥抗争
――皇道派と統制派

上：参謀本部

右：陸軍省

一、陸軍中央における派閥対立

塘沽停戦協定締結直前の一九三三年（昭和八年）四、五月ごろ、一夕会内部で、バーデン・バーデン以来の盟友である、永田と小畑の政策的対立が表面化する。これをきっかけに、陸軍中央における皇道派と統制派の抗争がはじまることになる。

当時の陸軍中枢は、陸軍省が、荒木貞夫陸相、柳川平助《やながわへいすけ》陸軍次官、山岡重厚軍務局長、山下奉文軍事課長。参謀本部は、真崎甚三郎参謀次長、古荘幹郎《ふるしょうもとお》作戦部長、永田鉄山情報部長、小畑敏四郎運輸通信部長、鈴木率道作戦課長などであった。実務を担当する部局長以下の重要ポストは、ほとんど一夕会会員で占められていた。だが、この布陣は、単に一夕会系幕僚の進出を意味するだけではなかった。

真崎、柳川は佐賀系、小畑、山岡、山下は土佐系で、佐賀・土佐はかねてから接触があった。荒木は真崎との親しい関係で佐賀系の人脈につながり、鈴木率道（広島）も小畑直系とみられていた。真崎、荒木を軸に佐賀・土佐両系で省部の主要ポストの多くを占めることとなったのである（古荘作戦部長は政治性の薄い実務型の軍事官僚）。これに真崎・佐賀系と関係の深い、松浦淳六郎《まつうらじゅんろくろう》陸軍省人事局長、秦真次憲兵司令官、香椎浩平《かしいこうへい》教育総監部本部長（すべて福岡）などが連なっていた。彼らがいわゆる皇道派を形成することとなる。また、陸軍省軍政中枢ラインの柳川陸軍次官、山岡軍務局長、山下軍事課長は、それまで軍政関係のポストにほとんど就いておらず、実務上の人事慣行を無視するものであった。これらのことが、のちに一夕会系幕僚の内部や少壮幕僚の間で彼ら皇道派への批判が生じてくる一要因となる。

当初、永田ら一夕会は、陸軍主流の宇垣系に対抗して、非宇垣系である荒木、真崎らを擁立し、陸軍の実権を掌握しようとした。それによって宇垣系とは異なる方向で国家総力戦に向けた態勢を整えようと考えていたのである。だが、荒木が陸相に、真崎が参謀次長となるや、逆に、真崎、荒木は、一夕会における永田と小畑の個人的な対立に乗じて、一夕会の土佐系（小畑、山下、山岡など）、佐賀系（牟田口廉也、土橋勇逸など）を一気に抱きこみ、彼らを有力ポストにつけて皇道派を形成した。

そのことによって一夕会に亀裂が入り、永田ら一夕会主流は、真崎、荒木らをコントロールすることが困難となり、皇道派がヘゲモニーを掌握することになったのである。ただ、真崎らも、一夕会の完全な分裂は自らの基盤を弱体化させることとなるため、その後も永田らとの完全な疎隔は避けようとしていた。

一方、永田のもとには、東条英機、武藤章、冨永恭次、池田純久《すみひさ》、影佐禎昭《かげささだあき》、四方諒二《しかたりようじ》、片倉衷《ただし》、真田穣一郎《さなだじょういちろう》、西浦進、堀場一雄、服部卓四郎、永井八津次《やつじ》、辻政信ら中堅少壮の中央幕僚が集まっていた。彼らがいわゆる統制派を形成することとなる。

こうして、この時期の対立が、以後の皇道派と統制派の本格的な派閥抗争へと展開し、それに菅波三郎《すがなみさぶろう》ら隊付青年将校国家改造グループの動きが連動してくることとなるのである。

では、この時期の永田と小畑の政策的対立とは、どのようなものだったのだろうか。

それは主に対ソ戦略をめぐる問題だった。当時、小畑が中心となって作成した陸軍の正式文書には次のように記されている。

現在の日本の対満国策は、崇高な目的や高邁《こうまい》な指導精神をもってはいるが、「客観的本質」においては「大和民族の満蒙支配」であることは否定できない。ソ連からみれば、日本の政略はソ連の極東政策ことに北満経営を覆滅するものであり、ソ連に対し多大の脅威と憤《ふん》懣《まん》とを与えつつあることは事実である。

にもかかわらずソ連がそれに反攻してこないのは、国内の全般的実力がそれを許さないからであり、また対外的に列国との関係が厳しい状況にあるからである。したがって、国力回復の進展や、日本の対英米関係の悪化など国際環境の変化によっては、好機を捉えて積極的行動にでることは自明の理である。ことに世界革命論に基づく極東政策、その地理的国際的要因による東方外洋への発展志向から、ソ連の日本への積極的反抗行為は必定だ、と。

つまり、ソ連は日本の満蒙支配によって脅威と憤怒を感じており、自国の国力が回復し、英米の対日感情が悪化するなど条件が整えば、チャンスを捉えて反攻してくることは明らかだ、というのである。

このような認識を前提に、それに対処するためには、そのような条件が整う以前に、ソ連に一撃を加え、極東兵備を壊滅させる必要がある。そう小畑らは考えていた。そしてそのために、一九三六年（昭和一一年）前後の対ソ開戦を企図していた。これは、ソ連の第二次五ヵ年計画完了による国力充実以前に、極東ソ連軍に打撃を与えようとするものであった。ちなみにソ連の第二次五ヵ年計画は一九三三年を初年度としていた。

これに対して永田は、第二次五ヵ年計画終了の数年後まではソ連の戦争準備は完了せず、したがって、対ソ開戦を一九三六年前後の時点にあらかじめ設定するのは妥当でない、と判断していた。すなわち、第二次五ヵ年計画が完了すればただちに戦争力が充実すると考えるのは、ソ連内部の事情や産業発達の状況などから妥当でない。第二次五ヵ年計画の完了後数年を経過しなければ、戦争遂行の力を発現するには至らない。また、現在の国際情勢は、日本にとって有利なものではなく、満州国の迅速な建設が焦眉の課題である。国内情勢も、政治的経済的社会的に幾多の欠陥があるため、挙国一致は表面的なもので、「国運を賭する大戦争」を遂行するには適当でない現状にある。したがって、もし対ソ戦に踏み切るとしても、満州国経営の進展、国内事情の改善、国際関係の調整などの後に実施すべきである、と。

これは永田のみの意見ではなく、永田がトップを務める参謀本部情報部や永田に近い幕僚達（統制派）の見解でもあった。他方、小畑も同様に、小畑と親しい関係にある荒木陸相や彼らに近い幕僚たち（皇道派）と見解をともにしていた。小畑と荒木は、ともにロシア駐在経験を持ち、荒木が参謀本部作戦部長のとき、小畑が同作戦課長として補佐するなど密接な関係にあった。

このような小畑と永田の対ソ戦略上の対立は、一九三三年（昭和八年）四月中旬から五月上旬にかけ開かれた陸軍省・参謀本部（省部）合同の首脳会議で表面化した。この省部首脳会議は、今後の政府の基本方針を定めるための五相会議（斎藤首相以下、外相、蔵相、陸相、海相）に向けて、陸軍の意志を統一するためにもたれたものであった。そこで小畑と永田の対ソ戦略をめぐる激しい論争がおこなわれた。その結果、会議に出席した省部の幕僚たちの間では永田の意見が多数の賛同を得た。だが荒木陸相は長年近い関係にある小畑の意見を支持し、陸軍首脳部は小畑の意見に基づいて対ソ戦争準備方針を決定した。

だが五相会議では、荒木陸相の対ソ戦争準備方針とそのための軍備拡張の主張は、高橋是《これ》清《きよ》蔵相、広田《ひろた》弘毅《こうき》外相らによって抑えられた。

この対ソ戦略についての小畑と永田の対立は、同時期前後の日ソ不可侵条約問題や北満鉄道買収問題への対応と連動していた。

日ソ不可侵条約の問題は、日ソ国交樹立の翌年一九二六年にソ連から提議されて以来、断続的に日ソ間でやりとりがなされていたが、満州事変後の一九三二年、あらためて提案がなされ、斎藤実内閣のもとで本格的に検討された。永田ら参謀本部情報部（情報部長直轄の総合班長は統制派の武藤章）は、条約締結に積極的で「即時応諾すべし」との意見であった。しかし陸軍部内では、主流の荒木、真崎、小畑、鈴木貞一ら対ソ強硬派が反対で、永田らの意見は採用されなかった。

外務省は、推進すべきとの有力な意見もあったが、ソ連と疎隔している米英への考慮もあり、荒木ら陸軍中枢の強い意向を押し切ってまで条約を締結することが必要とは考えていなかった。結局、斎藤内閣は日ソ関係の改善を基本方針としながらも、同様な判断と陸軍の圧力から条約締結の方向には進まなかった。そして、一九三二年（昭和七年）一二月、ソ連に対して条約締結を謝絶する旨の正式回答をおこない、この問題は一段落した。

この日ソ不可侵条約が締結されなかったことは、のちに陸軍の対中国戦略にとって大きな制約要因となっていく。対ソ防備の必要から常にソ満国境にかなりの兵力を割いておく必要があり、翌年の熱河作戦をはじめとする軍事作戦に十分な兵力を投入できず、軍事的圧力の裏付けが不十分なままで謀略工作に頼らざるをえなくなっていくからである。

一方、北満鉄道問題については、一九三三年四月、カラハン外務人民委員代理から、ソ連管理の北部満州中東鉄道（東支鉄道）売却について正式提案がなされた。外務省は、満州国による買収を基本方針として決定、陸軍と折衝をはじめた。

そのとき陸軍では、小畑参謀本部運輸通信部長を中心に、荒木陸相、鈴木率道作戦課長らが、次のように反対した。一九三六、三七年ごろまでには日本はバイカル湖周辺までは進出しており、そのとき北満鉄道は自然に手に入れることができる。したがって、今買収する必要はなく、また買収すれば第二次五ヵ年計画中のソ連を資金的に利することになる、と。これに対して、永田情報部長は「日本と満州で買収すべき」との意見であった。

その後、斎藤内閣は外務省案のラインで満州国による東支鉄道買収を閣議決定。ソ連と買収の具体的折衝に入った。しかし、両国は買収価格などで折り合わず、ようやく一九三五年三月に交渉が妥結。北満鉄道は満州国に売却されることとなった。

このように、日ソ不可侵条約と北満鉄道買収についても、永田は賛成、小畑は反対と対立したのである。

では、対ソ戦略との関係で、両者の対中国戦略はどのようなものであったのだろうか。小畑らは、中国政府の対日政策の転換を助長し、それによって日中経済関係の安定化を図る。さらに広く親日地域を設定させることを基本方針とし、そのため中国の分立的傾向に乗じて親日分子の養成およびその組織化を促進する、としていた。これは陸軍の従来の方針を踏襲したもので、このかぎりだと後述する永田らの方針とそれほど相違はない。

だが、永田らとの比較で興味深いのは、中国の現状について次のような認識を示していることである。

中国での排外運動は、列国間の協力がないかぎり、これからも激しさを増すだろう。ことに満蒙問題を中心とする排日運動は、列強ことに英米両国が日本の極東政策を認めるまでは緩和されず、今後ますます熾烈《しれつ》の度を加えるであろう。なぜなら、現代中国において「祖国愛」を叫ぶことは民心把握の有力な手段であり、欧州大戦後における世界的思潮の一つである「民族的独立意識」は、中国支那民衆にも発達しつつある。したがって、日本に対する抗争的意識は、今後ますます強化されることは明らかである。

それゆえ対中国問題の解決は、「対支那本土策よりは、むしろ対列強関係の調整いかん」による。この調整なくして、いたずらに「支那本土政権の操縦に焦燥し、またはこれに力を加うる」ような行動は、その効果を収めることはできない。対列強関係の調整なくして中国に「実力を行使」しても、ただ「国力の消耗に終始する」だけである、と。

すなわち、対中国問題の解決には列強諸国との調整が必須であり、それなくして中国本土に力で介入しても国力を消耗するだけだというのである。

したがって小畑らは、対中国政策として、中国本土については、対満政策とは方針を異にし、欧米列強と協力しながら、その安定を維持し、主に経済的な観点からの貿易市場とすべきとの方針だった。つまり、列強の経済的利害が交錯する中国本土地域では、通商投資市場として欧米諸国との協調がめざされ、したがって軍事的政略的には不介入の姿勢を示しているのである。この時期、小畑らは中国本土への本格的介入には、比較的慎重であったといえよう。

これに対して、永田らは、中国政府に従来の政策を放棄せしめ、日本との共存共栄の方向に進むよう誘導する。また、抗日排日が激化すれば、断固排撃する態度で臨む、との方針だった。このかぎりでは、陸軍の従来の政策とそれほど異なるものではない。

だが、中国政策との関連で注意をひかれるのは、永田らが、対ソ戦となれば、それは「一撃」や「極東戦備の壊滅」で終結する程度のものではなく、「国運を賭する大戦争」となると考えていたことである。つまり、永田は、対ソ戦は国家総動員を必要とする国家総力戦になると判断していたといえる。小畑らの一九三六年前後の対ソ開戦論には反対していたが、永田自身、いずれ対ソ戦もしくは世界大戦になる可能性は高いとみていたのである。

ちなみに、ヨーロッパでは、この年(一九三三年)の一月、ヴェルサイユ条約の打破と再軍備を主張するナチス・ドイツが政権を掌握していた。永田が危惧していたヨーロッパでの紛争の口火が切られようとしていたのである。それはやがて世界大戦へとつながっていく。

また、このころソ連は、すでに革命後の混乱を収拾、第一次五ヵ年計画を終え、軍需生産関係の工業生産力は革命前をはるかに凌駕《りょうが》しており、さらに第二次五ヵ年計画にとりかかろうとしていた。また、当時の満州朝鮮駐留日本軍と極東ソ連軍の装備状況をみると、一九三三年で、飛行機日本軍一三〇機に対してソ連軍三五〇機、戦車日本軍一〇〇両に対してソ連軍三〇〇両であった。その後両者の格差は急速に拡大していく。

すでにみたように、永田は、今後、近代工業国間の戦争は、長期持久の国家総力戦となる可能性が高く、「国を挙げて抗戦する覚悟」を要し、したがって国家総動員が必須だと考えていた。その国家総力戦遂行のための国家総動員には、兵器生産のための全工業生産力の動員とならんで、不足原料資源の確保が不可欠だとみていた。したがって、自国領の近辺において必要な資源を確保しておかなければならないとの判断をもっていた。

この不足資源の供給先として、満蒙を含む中国大陸の資源が念頭におかれていた。すなわち、中国問題は基本的には国防資源確保の観点から考えられ、ことに満蒙および華北・華中が、その供給先として重視されていたのである。したがって、「国運を賭するの大戦争」となるであろう対ソ戦もしくは世界大戦には、当然に「国を挙げて抗戦する覚悟」を要し、国家総動員が必須となる。それには、満蒙のみならず華北や華中の資源が必要だと考えられていた。

これらの点からみて、中国本土への本格的介入には慎重であった小畑らに比較し、永田らは、資源確保の観点から、中国本土への介入の志向性をもっていたと考えられる。

なお、永田は、中国の反日的な「策動」は、アメリカの海軍力を背景にしており、対中国政策のためにも、対米海軍力について「絶対に国防自主権を獲得」しなければならないと考えていた。したがって、従来のようなアメリカ優位の比率による条約は「断じて許容し得べからざる」ものだ、との姿勢だった。中国の反日運動が米英など列国の動向と関連しているとみる点では、小畑らと共通するが、小畑らが中国問題での米英らとの「調整」を主張しているのに比し、より強硬なスタンスだったといえよう。

ただ、満州国の長城隣接地域は、かつて奉天を拠点とし失地回復を望む張学良配下の国民党旧東北軍による攪乱《かくらん》工作などによってなお不安定な状況にあった。したがって、小畑らも、ときとして張学良勢力排除のため北京・天津地域など華北への軍事介入を主張していた。それはまた対ソ戦のため満州国の背後を安定化させておきたいとの考慮からでもあった。だが、そのような処置はたとえ実行されたとしても短期的なものであり、先述のような判断から、基本的には中国本土への本格的な介入には慎重な姿勢であった。

一方、永田らのように長期の国家総力戦遂行の観点から中国本土の資源確保が必要だとすれば、その実現のため本格的に中国本土に対してなんらかのかたちで積極的に働きかけていくことが要請される。実際、この時期永田ら参謀本部情報部は、漸進的ではあるが周到に、華北での政治工作による反蔣介石反国民党政権の樹立を図ろうとしていた。

その後、永田が陸軍省軍務局長に就任するや、後述するように、陸軍中央は、武力による威嚇を背景とした政治工作・謀略工作によって、華北分離（華北の勢力圏化）を実現する方向に進んでいく。

では、このような対ソ対中政策問題と関連して、対米英政策についての両者の異同はどうだったのだろうか。まず、対米政策について、永田らはこう考えていた。

アメリカの経済力による極東支配は排撃しなければならない。しかし、海軍はロンドン海軍軍縮条約破棄を契機とする「日米戦争の勃発」を憂慮しているが、それは「杞憂《きゆう》」である。

条約破棄となった場合、アメリカの対日感情が極度に悪化するとしても、アメリカが対日戦を決意するまでには至らないだろう。したがって、日米間の問題は「政治的解決の方途」を見いだすことが可能である、と。すなわち、永田は、アジアに死活的利害をもたないアメリカとの間に、妥協不可能な対立はありえず、日米間の問題は政治的に解決可能だとみていたのである。このような対米認識は、武藤章など永田直系の統制派幕僚にも受け継がれていく。

当時、「昭和十一年前後の国際的危機」がいわれていた。一九三六年前後に、ロンドン・ワシントン両海軍軍縮条約の改訂時期を迎えるが、海軍は、すでに日米必戦論に立つ加藤寛《かとうひろ》治《はる》ら艦隊派主導で、両条約の廃棄を決定していた。また同時期に日本の国際連盟脱退が発効することになっていた。連盟脱退の発効により、パラオ、サイパンなど南洋群島委任統治領の回収のみならず、連盟やアメリカによる対日制裁処置も考えられ、日米戦争の可能性がいわれていたのである。

一方、小畑らも、アメリカが日本の大陸政策に干渉してくれば断固として排撃するとしながらも、基本的には、「両国国交の親善を策す」ことを方針としていた。

このかぎりでは、両者は対米政策において、細部はともかく、その基本方針ではそれほど大きな差はなかったといえる。

次に、対英政策であるが、両者とも、当面は、イギリスの野心とその国際的境遇とを利用して、努めて紛争の圏外に置こうとしていた。いずれにせよ両者は、対米英問題について、当面は基本的に政治的解決による方向を志向し、またそれが可能だと想定していたといえよう。

一九三三年ごろにおける小畑ら皇道派と永田ら統制派との政策的対立は、以上のような内容のものだった。

二、隊付青年将校と陸軍パンフレット

陸軍中央における皇道派と統制派の対立とは別に、この時期、各部隊に配属されている隊付青年将校の間にも、国家改造をめざす政治的グループが形成されていた。このようなグループは、一夕会など中堅幕僚層の動きとは別に、満州事変前後から形成されてきていた。その中心メンバーは、菅波三郎、大岸頼好《おおぎしよりよし》、末松太平《すえまつたへい》、大蔵栄一、村中孝次《むらなかたかじ》、安藤輝三《てるぞう》、磯部浅一《あさいち》、栗原安秀、香田清貞《こうだきよさだ》などであった。

彼らは、満州事変直前、一九三一年(昭和六年)八月の郷詩会の会合から、北一輝の影響を受けた元陸軍少尉西田税《にしだみつぎ》を結節点として運動を本格化させ、同年の十月事件にも一部関係していた。郷詩会とは、国家改造をめざす陸・海軍の隊付将校グループと民間グループ合同の会合で、東京青山、日本青年館でおこなわれた。陸軍側は菅波、大岸ら、海軍側は藤井斉《ひとし》、三上卓ら、民間側は西田、井上日召《にっしょう》、橘孝三郎《たちばなこうざぶろう》らが出席し、相互の連携が申し合わされた。

このときのメンバーが、翌年、血盟団事件（民政党有力者の井上準之助元蔵相、三井財閥トップの団琢磨三井合名会社理事長を暗殺）、五・一五事件（犬養首相を暗殺）を引き起こす。五・一五事件後の同年一一月、東京九段の偕行社で、土橋勇逸、武藤章、池田純久、片倉衷ら陸軍中央の一夕会系中堅幕僚と、村中、大蔵、磯部らの隊付青年将校グループの会合がおこなわれた。

ここで、「軍政掌理《しょうり》者以外は断じて政治工作に関与すべきものにあらず」と主張する中央幕僚側に対して、隊付将校側は「軍中央部はわれわれの運動を弾圧するつもりか」と反論。これに対して幕僚側は「そうだ」と応じ、会議は決裂した。

菅波、村中、安藤らの隊付青年将校の国家改造グループは、しばしば皇道派青年将校とも呼ばれている。だが、本来は荒木、真崎、小畑ら陸軍中央の皇道派とは異なる問題意識と理念のもとに発足したもので、皇道派と密接な関係をもつようになるが、集団としてはまったく別個の存在であった。

この隊付青年将校国家改造グループに関して、永田は、次のような考えをもっていた。

近年、隊付青年将校の国家改造運動が相当の広がりをもっており、これが軍の統制を乱し、軍部による国家の改革を困難にしている。彼らの国家改造の志を否定するものではないが、そのような横断的結合による活動は、軍紀上許すべからざるものである。だが、軍規軍律に基づく強圧的な処置は、彼らを潜行させるか過激化させることになる。それに対処するためには、軍首脳部は国家改革の具体案を作成し、これによって合法的手段で政府を指導し、国家改造を実現していかなければならない。また、その具体案作成のための研究機関を軍内に設置する必要がある、と。

このように永田は、隊付青年将校の国家改造運動について、軍の統制を乱し、むしろ軍による国家改造を困難にしているとして、許容しない姿勢であった。

永田は、陸軍省軍事課長となる一九三〇年（昭和五年）八月まで約二年半、歩兵第三連隊長を務め、同連隊に所属する安藤輝三、菅波三郎らと個人的な面識があった。そして、このころには安藤、菅波らに好意的であったようである。だが、その後、五・一五事件前後から、彼らが各種のテロ行為や、皇道派とつながるクーデター計画に加担しているのではないかとの疑いをもち、その横断的運動にも軍の統制保持の観点から否定的となっていた。五・一五事件ごろから、永田らは、隊付青年将校国家改造グループの動きに何度か阻止的な態度をとっており、隊付青年将校国家改造グループの永田ら統制派に対する感情も悪化してきていた。

さて、塘沽《タンクー》停戦協定締結後の一九三三年（昭和八年）八月、永田は参謀本部情報部長から第一師団歩兵第一旅団長に転出。翌三四年三月、陸軍省軍務局長に就任した。

その年の一月、荒木陸相が病気を理由に辞任し、かわって教育総監の林銑十郎が陸相となっていた。荒木、真崎の手法に不満をもっていた林は、永田系中堅少壮幕僚の強い働きかけもあり、二人と距離を生じていた永田を軍務局長に据えたのである。また、教育総監には参謀次長を退いたのち軍事参議官となっていた真崎甚三郎が就いた。

七月初旬、帝国人絹の持株売買をめぐる政界疑惑（いわゆる帝人事件）で斎藤実内閣が総辞職し、かわって海軍出身の岡田啓介が組閣したが、林陸相は留任した。

一〇月、よく知られている、陸軍パンフレット『国防の本義と其強化の提唱』が発行された。それは、永田軍務局長の指示で、統制派メンバーであった陸軍省軍事課員池田純久らが、矢次《やつぎ》一夫、大蔵公望《きんもち》など国策研究会の協力を得ながら原案を執筆し、永田の点検と承認を経て発表されたものであった。なお、永田は部下の起案する重要書類には自ら徹底的に手を入れており、軍事課長、情報部長時代も含め、永田の所管する部局の文書類で永田の承認を経たものの内容は、彼自身の意見でもあったと推定される。

パンフレットの内容は、「国家の全活力を総合統制」する方向での国防国策の強化を主張するもので、具体的には、軍備の充実、経済統制の実施、資源の確保など、それまでの永田の議論の延長線上にあるものといえる。

ただ、注意をひくのは、以前の永田の議論から一つの変化がみられることである。それは、「国家総動員的国防観」から「近代的国防観」への転換が主張されている点である。

前者は、世界大戦後の国家総力戦対応への要請から、戦時における人的物的資源の国家総動員を実現するため、平時にその準備と計画を整えておこうとするものであった。このような考え方は、従来の永田の構想とほぼ同様である。

だが、パンフレットによれば、近年、国際連盟がその「無力」を暴露し、「ブロック対立」の状況となることによって、世界は「国際的争覇戦時代」となった。そのもとで「平時の生存競争」である不断の「経済戦」が戦われている。「国際的生存競争」は白熱状態となり、「平時状態」において「国家の全活力を総合統制」しなければ、「国際競争そのものの落伍者」となる。そのような認識から、後者（「近代的国防観」）においては、平時においても「国家の全活力を総合統制」すること、すなわち一種の国家総動員的な国家統制が必要とされるのである。その意味で、国家統制の論理が、戦時のみならず平時をも貫徹し、「国防」の観念も、国家の「平時の生存競争たる戦争」を含むものであり、戦時・平時を問わず規定的なものとして要請される。これは軽視しえない点である。

前述したように、かつて永田は、国家総動員のための国家統制は戦時のために考えられており、平時はそのための準備と計画が必要だとしていた。だが、この時点では、戦時のみならず、平時においても国家の全活力の総合統制、すなわち国家統制による国家総動員の実施が要請されているのである。

戦時のみならず平時における国家統制の主張。そこにこの文書の一つの特徴がある。その背景には、満州事変、国際連盟脱退を経て、国際的緊張状態のなかで政治的発言力を増大させてきた永田ら陸軍中枢の、国家統制への意志が示されているといえよう。

なお、平時での不断の「経済戦」の具体的内容として、たとえば、世界恐慌以後、欧米列強により貿易が圧迫され、中国市場などから駆逐されるおそれがあるとの認識が示されている。それに対処するには「経済および貿易統制」を断行し、さらには中国市場の確保、新市場の獲得を図らねばならず、また「経済封鎖に応ずる諸準備」も怠るべきでないという。したがって、このような「非常時局」は、「協調的外交工作」のみによって解消しうるようなものではなく、場合によっては「破邪顕正の手段として武力に訴える」用意も必要だとされる。

また、この文書では、対米・対中政策とその関連について、次のような興味深い見方を示している。

来年予定されている第二次ロンドン海軍軍縮会議では、日本は絶対に「国防自主権」を獲得することが必要で、従来のように「比率」を強要されるようなことは、断じて許容しえない。「海軍力の消長」は、対米関係のみならず、対中国政策の成否とかかわる。アメリカが日本に対し絶対優勢の海軍を保持しようとするのは、アメリカの対中国政策である「門戸開放主義」を強行するためである。中国もまた、そのアメリカの力を借り、常に排日的な政策をとってきている。中国国内の英米派は、「満州の奪回」を企図し、日本の東アジアにおける政治的地歩の転落を策謀していると伝えられる。

したがって、このような「策動」の消長は、日本の海軍力がアメリカの海軍力に圧倒されるか否かにかかっている。それゆえ、今回の海軍軍縮会議において日本の主張が貫徹するか否かが、今後の中国の対日動向を決定する指針となる、と。

つまり、海軍軍縮は対中国政策と密接に関係しており、アメリカの海軍力を背景とする中国の対日「策動」を抑えこむ観点からも、軍縮条約改定にさいしては、従来のようなアメリカ優位の比率による条約は認められない、というのである。したがって当然、会議決裂も辞さないとの強硬な姿勢であった。

永田は、かねてから中国での「排日侮日」は、国民政府の「革命外交」によるもので、その背景には海軍軍縮など米英の対日圧迫があるとの認識であった。ここでも同様の観点から、中国の排日を抑えこむには、アメリカと対抗しうる強力な海軍力が必要だとされるのである。したがって、アメリカ海軍力への対抗は、対米戦の現実的可能性からというより、対中強硬姿勢すなわち中国の排日「策動」を制圧することを主眼としたものであった。さきにふれたように永田らは、当面対米問題は戦争には至らず、政治的に処理しうると判断していた。

ちなみに、永田らは、これまでみてきたように、革命外交をかかげ排日政策を進める、蔣介石らの国民党政権との調整は不可能とみていた。したがって、それにかわる親日的な政権――日本の資源、市場確保の要請を受容しうる――の樹立による「日支提携」が考えられていたのである。

対ソ政策については、ソ連の「挑戦的態度と常習的不信」からして、いつ「自衛上必要なる手段」を要する事態が発生するやもしれず、それに対処するため陸軍軍備と空軍充実が喫緊の課題だとしている。ただ、そのような事態は「極力回避すべき」として、対ソ戦には慎重な姿勢を示している。

なお、この文書は、国防国策強化の一環として、農村負担の過重や小作問題などを解決して「農山漁村の匡救《きようきゆう》」を実施すること、「富の偏在」「貧困」「失業」などが顕在化している現在の経済機構を改変し、「国民大衆の生活安定」を実現することなどを主張している。これらの点は、当時最大の無産政党であった社会大衆党書記長麻生久《あそうひさし》や僚友の同国際部長亀井貫一郎などが、この文書を評価する一因となった。

菅波ら隊付青年将校国家改造グループも、この部分などからパンフレットを積極的評価していた。そして、これによって下士官兵を教育し全国的に活動しなければならないと動きはじめるが、永田は、そのような動きを許容しない姿勢を示した。彼ら独自の横断的な動きをあくまでも否定していたのである。なお、真崎は、パンフレットは「国家社会主義思想」だとして、忌避していた。

以上のようなパンフレットの主張はまた国内政治体制の問題と連動していた。平時における「国家の全活力」の「総合統制」の観点からも、軍部の積極的な政治介入、軍部主導の政治運営が必要だとされるのである。

また、永田らは、このようなパンフレットの内容を実現すべく、陸軍の要請として、根本国策の総合樹立のための機関の創設を岡田内閣に働きかけ、内閣審議会およびその調査・実務組織としての内閣調査局を発足させた。この内閣調査局は統制経済主義をその基調とし、陸軍の国家統制論に共振する新官僚の拠点となっていく。

永田らの考えていた政治介入方式は、陸軍省内に、軍事のみならず国策全般について総合的に検討する機関をつくり、そこで立案された具体的政策を、陸軍大臣を通じて（恫喝も含め）内閣に実現を迫るものであった。内閣審議会や内閣調査局は、その陸軍の政策の受け皿となることが期待されていた。

さらに、永田らは、前述のように軍備の機械化と航空戦力の充実が急務であると考えており、軍事費の大幅増額とそのための公債増発の要求を強めていく。

三、派閥抗争の激化と永田軍務局長の暗殺

一九三五年（昭和一〇年）、天皇機関説が問題となった。同年二月、貴族院で美濃部達吉《みのべたつきち》の天皇機関説が執拗な批判を受け、三月、衆議院も機関説を否定する国体明徴《めいちょう》決議を満場一致で可決。右翼、国家主義団体や在郷軍人会を中心に国体明徴運動が展開された。四月には、真崎甚三郎教育総監から機関説は国体に反するとの訓示が全軍に通達された。運動は、さらに機関説を容認しているとして岡田内閣倒閣の方向へ向かい、岡田内閣は運動の圧力を受け

て、八月三日、天皇機関説を否定する第一次の国体明徴声明を発した。

この国体明徴運動の背景には、陸軍での統制派と皇道派の派閥抗争が一つの要因として絡んでいた。

これよりさき、一九三三年（昭和八年）六月、真崎甚三郎は、陸軍大将に進級するとともに中将職である参謀次長を退き、軍事参議官となった。後任の参謀次長には植田謙吉（参謀本部付、元第九師団長）が就任した。

真崎甚三郎

植田の次長就任は、直接には閑院宮参謀総長の意向によるものであったが、その背後には、宇垣系の南次郎、金谷範三、鈴木荘六などが動いていた。同年一月、南は金谷らと相談のうえで、留任を望む真崎を排除すべく、閑院宮に次期参謀次長は植田に、と働きかけ、二月には、閑院宮も南らの意図通り植田次長の意向を定めていた。じつは、南、鈴木（荘）、植田、閑院宮、さらには宮を補佐する別当職の稲垣三郎らは、すべて騎兵出身で、そのラインでつながっていた。したがって南らの工作は功を奏し、真崎の参謀本部追い出しに成功したのである。植田はそれほど政治色の強くない人物であったが、騎兵ラインを通じて南ら宇垣系とつながりをもっていた。また、次長退任の最大の要因となった真崎の大将進級にも、南らの工作による閑院宮の意向が働いていた。

このことによって、真崎ら三将軍による陸軍三長官支配の一角が崩れ、荒木貞夫陸相、林銑十郎教育総監の二人となった。

翌一九三四年（昭和九年）一月、荒木陸相が、インフルエンザ罹患を理由に辞職した。荒木は、斎藤実内閣下、高橋是清蔵相ほかの有力閣僚らに、対ソ政策や予算要求などで抑えこまれることが重なって、中央幕僚層からの支持を失いつつあり、それが辞職の背景となっていた。後任の陸相には林教育総監が就任し、林にかわって真崎が教育総監となった。

林の陸相就任については、閑院宮参謀総長の意向が少なからぬ比重をもっており、その背景には南らの働きかけがあった。南らは、林の荒木、真崎からの疎隔のきざしに気づいており、それを利用して林への接近を図ろうとしていた。

林陸相は、三月、永田を第一歩兵旅団長から軍務局長にすえた。陸相就任以前から林は、「将来の軍務局長は永田少将が可なる」旨の意向をもらしており、そのような自らの考えにしたがってのことであった。もちろんその背後には東条英機ら永田系幕僚のつよい働きかけがあった。

だが、四月、林陸相は、実弟が汚職事件で求刑されたのを受け、辞表を提出した。この機会に、荒木や真崎を陸相に就任させようとする動きもあり、永田は、林を留任させるべく、重臣層や内閣に働きかけた。

永田は、植田参謀次長と連携しながら、元老西園寺側近の原田熊雄や斎藤実首相、岡田啓介前海相などの穏健派重臣層に働きかけ、閑院宮参謀総長も動かし、結局、林は陸相に留任した。南も林の留任を希望し、真崎も宇垣派の阿部や南の就任よりは林のほうがましだとみていた。

その後、八月の人事異動で、林陸相は、皇道派の柳川平助陸軍次官、秦真次憲兵司令官、山下奉文軍事課長を更迭し、次官には実務型の橋本虎之助をおき、参謀次長は宇垣系だが政治色の弱い杉山元とした。このときの人事案は、永田軍務局長を中心に作成されたが、真崎に修正され、永田らからみれば不徹底な結果に終わった。ただ、秦、柳川は真崎直系の皇道派最重要メンバーで、永田や東条は、林陸相就任直後から彼らの更迭を主張しており、その実現は重要な意味をもっていた。また、このとき、南らからも皇道派勢力を削減する方向で、林陸相にさまざまな働きかけがなされていた。

一九三五年（昭和一〇年）三月には、林や永田らは、皇道派の松浦淳六郎人事局長を転出させ、実務型の今井清を後任とした。なお同時期、岡村寧次が参謀本部情報部長となったが、皇道派の小畑敏四郎は陸大幹事から陸大校長と、中央要職から離されたままであった。ちなみに橋本次官、今井人事局長は、実務型だが皇道派や宇垣・南派による陸軍支配には批判的な感情をもっていた。

このころ、永田ら統制派は、軍務局長となった永田を核に、林陸相を動かすことで、真崎ら皇道派に対抗して、陸軍での権力的地位を確保しようとしていた。林陸相もまた、疎隔を生じていた真崎らと距離を置くには、永田ら統制派に頼らざるをえないと考えていた。林は、石川県出身だが真崎と個人的に親しい関係から、一夕会の推戴する三将軍の一人となり、その結果陸相まで登りつめた人物で、独自の勢力基盤をもっていなかった。したがって、真崎から距離を置くには、それと対立する永田らに依拠せざるをえず、また永田ら統制派からも強力な働きかけを受けていた。

だが、永田らは、非皇道派系一夕会グループを背景に、陸軍中央の中堅幕僚層には大きな影響力をもっていたが、なお最上級ポストの永田でも局長クラスであった。したがって、林陸相にとって、陸軍中枢を掌握する真崎教育総監ら皇道派に対抗するには、陸軍三長官の一人である閑院宮参謀総長の支持を得る必要があり、その背後にある南らの主張を入れざるをえなかった。それゆえ、のちにみるように、南からの小磯などの起用案を一応受け入れる。ただ、林は、これまでの関係から、真崎との決定的な決裂には躊躇があり、統制派の東条を中央から久留米に遠ざけ、南系の小野寺長治郎陸軍主計総監を予備役とするなど、派閥中立的なポーズをとっていた。だが、軸足は永田ら統制派に置いていた。

永田もまた、真崎ら皇道派と対抗するには、林のみではなく南らとある程度連携する必要があると考えていた。したがって、後述のように、南の推す建川を起用する意向を示すのである。だが、永田は本来反宇垣のスタンスで、「宇垣を絶対に政界に出してはいかぬ」「宇垣大将はやはり早く朝鮮に帰られた方がいい」（当時宇垣は朝鮮総督）などと、南の背後にある宇垣の動きを警戒していた。それゆえ、南や阿部などの宇垣・南派中枢の陸軍首脳への復活は許容しない考えで、林もまた同様の姿勢であった。

ちなみに、当時陸軍の有力な政治集団としては、永田らの統制派、真崎らの皇道派、南らの宇垣・南派の三派閥で、彼らが相互に陸軍の実権をめぐって、しのぎを削っていた。その他の実務型の軍事官僚は、横断的な集団を構成しておらず、個々のポスト固有の権限を行使しうるのみで、これら三派閥と一時的であれ連携しないかぎり、政治的な発言力をもちえなかった。実務型とはタイプは異なるが林もまた同様であったのである。

さて、この間、林陸相は人事移動案をたびたび真崎教育総監に修正され、自らの人事構想を十分には実現できなかった。そこで八月の陸軍定期異動において、皇道派を要職から全面的に排除すべく、真崎の罷免を決意した。その背後には永田の強硬な意見があった。

真崎は、かねてから、林を永田の「ロボット」だとし、「陸軍の各種陰謀は永田を中心として行われある」と判断しており、「彼〔永田〕が諸策動の根源」だと考え、永田を警戒していた。

永田の意見は、真崎教育総監の更迭もしくは予備役編入をおこなうとともに、秦真次第二師団長と香椎浩平第六師団長の予備役編入、山岡重厚陸軍省整備局長、小《こ》藤《ふじ》恵《さとし》補任課長（土佐）、牟田口廉也参謀本部庶務課長（佐賀）、鈴木率道作戦課長の更迭など、皇道派有力者の一掃を図るものであった。また、南系の建川美次を参謀次長に、永田腹心の東条を整備局長に置き、小畑陸大校長を転出させ後任に南系だが実務型の梅津美治郎を就かせること。さらに、板垣征四郎、磯谷廉介、土肥原賢二、工藤義雄、松村正員、小笠原数夫、飯田貞固、渡久雄ら、永田に近い非皇道派一夕会メンバーの起用を主張している。永田は林に直接この意見を伝えていた。

一方、南は秦の予備役編入とともに、自派の建川の参謀次長起用、小磯国昭の航空本部長起用などを林に申し入れていた。

七月一〇日、林陸相は、橋本陸軍次官、今井人事局長、永田軍務局長らと取り纏めた将官級人事案を真崎に諮《はか》った。その主要部分は、真崎教育総監に勇退を求め、軍事参議官とするほか、秦第二師団長の予備役編入、小磯の航空本部長起用などであった。

真崎はこれを拒否した。

一二日、一五日と、林陸相、閑院宮参謀総長、真崎教育総監による三長官会議が開かれた。そこでも林陸相は、真崎が「党閥の首脳」であることは陸軍内での大方の見方だとして辞職を迫り、一五日には閑院宮も真崎に勇退を勧めたが、真崎は拒絶した。そこで、林陸相は真崎更迭の単独上奏をおこない、その日のうちに、真崎教育総監を罷免して軍事参議官とし、陸士同期の渡辺錠太郎《じょうたろう》を教育総監とした。渡辺は政治色の薄い博識剛直の武人型軍人で、当時軍事参議官であったが、真崎ら皇道派には批判的であった。

一七日、真崎、渡辺を含め軍事参議官会議が開かれた。そこで荒木は真崎罷免の不当性を主張し、さらに林の背後にいる永田を、三月事件に関与したものとして非難。真崎は、さきにふれた、いわゆる永田のクーデター計画書をもちだし、これを問題とした。しかし、渡辺のバックアップによって、林陸相は会議を切り抜けた。この日の渡辺の林支援の動きが、のちに二・二六事件で渡辺が襲撃される一つの要因となる。

その後、八月一日付定期異動で、秦の予備役編入、小藤恵補任課長、鈴木率道作戦課長などの更迭がなされた。このとき、佐賀出身で皇道派とみられた土橋勇逸軍事課高級課員も更迭され、統制派の武藤章が後任として同ポストについた。よく知られているように、武藤は二・二六事件後の、皇道派・宇垣派高官の追放を含む粛軍人事や、広田内閣の組閣時に重要な役割を果たすことになる。なお、小磯の航空本部長起用は見送られ、宇垣・南系の陸軍中枢復活はならなかった。南自身は、前年一二月に関東軍司令官として中央を離れていた。

林陸相による真崎罷免は、すぐに各種の怪文書によって広く知られるようになった。それらは、真崎罷免の黒幕を永田軍務局長としており、これに憤激した相沢三郎中佐(台湾歩兵第一連隊付)によって、八月一二日、永田は陸軍省軍務局長室で刺殺された。相沢は、大岸、末松ら国家改造派隊付青年将校らと親しい付き合いがあり、また真崎とも個人的な関係があった。永田は、かねてから皇道派や国家改造派隊付青年将校から、一連の皇道派圧迫の中心人物とみなされており、相沢もそう考えていた。

すでにふれたように、永田は、政党政治の方向に対抗して、国家総動員論の観点から軍部の積極的な政治介入、軍部主導の政治運営を主張していた。

それには「軍の統制団結の確立」が必要であり、「軍中央の維新的決意」を明確にし、「漸進的合法的」に「維新」を実行する必要がある。だが、隊付青年将校らの「横断的結成行為」「非合法的革新思想」が軍の統制を困難にしている。そう永田は考えていた。そのような観点から、隊付青年将校の国家改造運動と連繫する、真崎ら皇道派を軍中央から一掃しようとしたのである。永田は、かねてから、隊付青年将校の国家改造運動には批判的で、また彼らは「北、西田一派のいわゆる職業革命家の薬籠中のもの」だと厳しく評価していた。

この時期、永田は、非皇道派一夕会勢力を背景に、林陸相のもと陸軍省の実権を事実上掌握し、参謀本部の中堅幕僚層にも強い影響力をもつようになっていた。皇道派や国家改造派青年将校もまたそのように認識しており、彼らに敵対する勢力の中核とみていたが、それは事実に近かったといえる。その意味で相沢の判断はそれほど誤りではなく、永田を失った陸軍中枢は大きな打撃を受けることになる。

さきにふれたように、永田ら統制派と菅波らの国家改造派隊付青年将校との間は、すでに険悪な状態になっていたが、前年一九三四年（昭和九年）一一月のいわゆる士官学校事件で対立は決定的となった。士官学校事件は、国家改造派隊付青年将校中心メンバーの村中孝次、磯部浅一らが、クーデターを計画しているとして士官学校生徒とともに逮捕された事件で、統制派の辻政信士官学校中隊長や片倉衷参謀本部員が摘発に主導的な役割を果たした。

村中、磯部は停職となったが、両人は事件は捏造《ねつぞう》だとして、辻、片倉を誣告罪《ぶこくざい》で告訴。翌年七月、永田ら統制派を批判する『粛軍に関する意見書』を発表し、八月、免職となった。これらによって、国家改造派隊付青年将校の永田ら統制派に対する怒りが激しさを増していたところに、彼らにつながる皇道派の真崎が永田らによって罷免され、統制派の中心人物とされる永田が狙われたのである。

ちなみに、この時期、菅波、大岸ら隊付青年将校グループは、真崎ら皇道派と連携して動いていた。両派は、対中国政策などでは大きな違いはなかったが、菅波、大岸らの理念は、北一輝『日本改造法案大綱』の影響を受け、土地改革や所有制限など国家社会主義的な政策を含んでいた。そのような国家社会主義は、真崎ら皇道派の嫌悪するところであった。だが、このような政策上の相違をはらみながらも、両派は統制派や宇垣派との対抗上、相互に政治的連携を必要としていたのである。

さて、さきの国体明徴運動は、このように教育総監罷免へと追いこまれていく真崎にとって、倒閣によって林陸相やそれに連なる永田ら統制派を失脚させ、一気に勢力の逆転を図ろうとするものであった。しかし、真崎の教育総監解職、永田暗殺を経て、一〇月一五日の岡田内閣第二次国体明徴声明後、陸軍中央の圧力などによって運動は急速に衰えていき、まもなく終息。真崎の試みは失敗に帰した。

第五章

二・二六事件前後の陸軍と大陸政策の相克
——石原莞爾戦争指導課長の時代

二・二六事件．地方から上京してきた鎮圧部隊（写真：読売新聞社）

一、華北分離工作と二・二六事件

日中関係においては、一九三三年（昭和八年）五月の塘沽《タンクー》停戦協定締結後、斎藤実内閣、岡田啓介内閣のもとで、しばらく小康状態がつづいた。中国側も、国際連盟やアメリカが日本に対する具体的制裁に動かない状況から、蔣介石ら国民党は対日融和の方向に軌道修正していた。

だが、一九三五年（昭和一〇年）に入ると、支那駐屯軍（天津）、関東軍主導で、華北地域の勢力圏化を意図する、いわゆる華北分離工作がはじまる。同年五月、天津日本租界での親日系新聞社社長暗殺事件や日中両軍の小競り合いが起こった。当時このような事件は特にめずらしいことではなかったが、日本側現地軍は、これを理由に、中国側に華北北東部からの国民党諸機関の撤退を要求。六月、梅津＝何応欽《かおうきん》協定、土肥原＝秦徳純《しんとくじゅん》協定によって国民党勢力を、華北北東部の河北省、察哈爾《チャハル》省より排除した。

その交渉中（六月はじめ）、現地視察の途にあった永田軍務局長は、本国の橋本虎之助陸軍次官に対して、「すでに矢は弦《つる》を離れた」のであり、中央においてもこれを支持すべきであるとの電信を発している。また、同時期、関東軍の一部を満州西部の錦州付近などに集中し、中国側に軍事的圧力をかけることを承認している。永田に近い磯谷廉介駐華大使館付武官も、同時期、「多少の実力」を行使してでも「北支の粛正」を実行すべき、との意見だった。ちなみに、河北省からの国民党勢力の撤退を定めた梅津＝何応欽協定の原案は、永田軍務局長の指揮のもと片倉衷（軍務局付）が起草したものであった。

さきの熱河作戦のさい、永田は、長城以南の天津などに親日満政権を樹立させるための板垣らの謀略工作を了承しており、かねてから「日本の根本的要求に適せざる主義および党派は、これを［北支から］除くの外なし」との意見であった。そして、国民党の「革命外交」を本質的に排日的なものとみていたのである。また、その後、岡田内閣下、広田弘毅外相による対中宥和政策（「協和外交」）についても、「鳴り物入りの日支親善など風馬牛視しあれば可。事は進むべきところに進むべし」として、批判的であった。

さらに、同年八月六日、橋本陸軍次官から関東軍・支那駐屯軍などに対して、「対北支那政策」が通達された。そこには、河北省、察哈爾省、山東省、山西省、綏遠《すいえん》省の「北支五省」を、「南京政権の政令」によって左右されない、「自治的色彩濃厚なる親日満地帯」たらしむこと、華北における「一切の反満抗日的策動」を解消して、日満両国との間に「経済的文化的融通提携」を実現すること、などが記されてある。

それは、華北五省の自治化による南京政府からの分離、すなわち華北分離に向けての工作を指示したものであった。そこでは、満州国の背後の安定とともに、日本・満州・華北による経済圏を形成し、華北五省の資源と市場の獲得、すなわちその勢力圏化が意図されていた。

この「対北支那政策」および陸軍次官による通達文書は、「対北支政策に関する件」として書類が現存している。それによれば、陸軍省軍務局軍事課において起案され林銑十郎陸軍大臣の承認を受けたもので、主務課員は武藤章、片倉衷である。主務局長として永田軍務局長の承認印も押されている。当時、武藤、片倉ともに統制派系で永田の強い影響下にあった。したがってその内容は永田の意向でもあったと考えられ、これまでみてきた永田の構想——国家総力戦、国際的経済戦争のための資源と市場の確保——の延長線上にあるものであった(なお、この華北分離工作を指示した「対北支那政策」の起案者が武藤〔当時軍事課高級課員〕だったことは、後述する日中戦争初期における石原と武藤の対立の伏線となる)。

また、永田ら軍務局は、まもなく設立される国策会社「興中公司」によって、華北の経済開発を推し進めようとしていた。なお、永田の盟友・岡村寧次参謀本部情報部長も、このころ、「支那は統一せらるべきものに非ざる」との考えであった。一部に、当時永田ら陸軍中央が華北分離工作に否定的だったとの見解があるが、それは正確でない。

ただ、当時、関東軍や支那駐屯軍は、華北での自治的「独立政権」の樹立など、かなりアグレッシブな政策をストレートに実現しようとしていた。したがって、「対北支那政策」にみられるような永田らの華北分離方針——「自治的色彩濃厚」な親日満地帯の形成——は、方向性としては同一であるが、相対的に、より慎重な漸進的なものであった。おそらく国際関係などを配慮してのことであったと考えられる。

ちなみに、華北分離工作がはじまる直前の同年三月、ナチス・ドイツが、再軍備宣言をおこなっている。ヴェルサイユ条約を破棄し、急激な軍備拡張に着手したのである。ヨーロッパでは、これによってヴェルサイユ条約体制が破綻《はたん》し、ドイツ周辺での国際的緊張が高まることとなる。可能性としては、第一次世界大戦の導火線となったような軍事紛争も考えられる、不穏な情勢となってきたのである。その意味で、次期大戦の勃発が、単なる将来の仮定的な想定ではなく、現実的な可能性となりつつあったといえよう。

永田も、そのことは当然念頭にあったであろう。この時点で、永田ら陸軍中央が華北分離工作に乗り出したことは、このような欧州情勢と無関係ではないだろう。永田は、前述のように、次期大戦は、ドイツをめぐってヨーロッパから起こる可能性が高いとみていた。ドイツのヴェルサイユ条約破棄と本格的再軍備によって、その蓋然性が強くなってきたのである。したがって、近い将来での大戦の可能性を念頭に、国家総力戦に対応するための資源確保が、現実の要請として意識されるようになっていたと考えられる。

永田は、国家総力戦のためには、満蒙のみならず、華北、華中の資源が必要だと考えていた。したがって、満蒙につづいて、華北の勢力圏化が次の課題となっていた。国民政府の排日姿勢から、通常の方法での安定的な資源確保は不可能だと判断していたからである。だが、塘沽停戦協定以降、国際的な配慮から、華北の勢力圏化には慎重な姿勢を取っていた。だが、ドイツ再軍備宣言によって、次期大戦が現実的な可能性として想定されうるようになり、資源確保の必要が実際的な要請として考慮されることとなったといえよう。

実際に、第二次世界大戦は、この四年後にドイツによって火蓋が切られるのである。

また、同年七月、永田が真崎教育総監の更迭を強力に主張し、林陸相に真崎罷免を強行させた一つの背景には、この欧州情勢の緊迫化があったと思われる。同年三月までに、柳川陸軍次官、山岡軍務局長、山下軍事課長、松浦人事局長、秦憲兵司令官ら皇道派の主要メンバーは、すでに中枢ポストから更迭されていた。陸軍中央での皇道派と統制派の抗争は、いわば勝負がついており、派閥抗争の面だけでみれば、必ずしも真崎の処分を、あれほど強引に急ぐ必要はなかった。時間をかけて真崎を孤立させ、事実上無力化する方法もありえたからである。

だが、ナチス・ドイツの再軍備宣言による欧州情勢の緊迫化は、国家総動員態勢の構築に向けて、陸軍の内部統制の確立を永田に急がせることとなったと推測される。しかし「対北支那政策」通達から約一週間後の八月一二日、永田は陸軍省で執務中に殺害される。

その後、華北分離工作が本格化し、一一月、河北省東部に親日的な冀《き》東《とう》防共委員会(委員長殷汝耕《いんじょこう》)を発足させ、翌月冀東防共自治政府と改称、いわゆる冀東政権が成立する。華北の一部に、事実上日本の強い影響下にある独立政権が誕生したのである。また同一二月、日本側の要求と国民政府との妥協によって、日中間の緩衝地帯として、河北・察哈爾両省にまたがる冀察《きさつ》政務委員会（委員長宋哲元《そうてつげん》）が発足する。

そして、翌一九三六年（昭和一一年）一月、岡田啓介内閣は、華北五省全体の自治化を企図する、第一次北支処理要綱を閣議決定した。しかし、南京中央政府の抵抗や、中国側有力者の協力が得られなかったことなどから、それ以上の華北分離、自治工作は、容易に進捗しなかった。

ところで、永田軍務局長時代、陸軍の有力な政治集団としては、永田らの統制派、真崎らの皇道派、南らの宇垣系の三派閥があった。永田死後、皇道派はほとんど陸軍中央から放逐され、宇垣系も陸軍中央に復活できなかった。統制派は、永田を失い大きな打撃を受けたが、中堅幕僚に、武藤章、影佐禎昭、池田純久、片倉衷、真田穣一郎ら有力メンバーを残していた。また、岡村寧次（当時参謀本部情報部長）、磯谷廉介（翌年軍務局長）、渡久雄（翌年情報部長）ら非皇道派系の一夕会会員も、必ずしも一つの政治グループとして動いていたわけではないが、宇垣派・皇道派とは距離を置いており、相対的には統制派に近い存在であった。

永田暗殺の翌年、一九三六年（昭和一一年）冬、二・二六事件が起こる。村中、磯部、安藤、栗原ら隊付青年将校国家改造グループの一部が、第一師団や近衛師団の兵約一五〇〇名を率いて、クーデターによる国家改造をめざし武装蜂起した。彼らは斎藤実内大臣、高橋是清大蔵大臣、渡辺錠太郎陸軍教育総監を殺害、鈴木貫太郎侍従長に重傷を負わせた。だが、結局クーデターは失敗し、隊付青年将校の国家改造運動は壊滅。彼らとつながりのあった、真崎、荒木、柳川、小畑ら皇道派も予備役に編入され、事実上陸軍から追放された。また、それに抱き合わせのかたちで、南、阿部、建川ら宇垣系も予備役となり、政治色のある有力な上級将官は、ほとんど現役を去った。

二・二六事件後に成立した広田弘毅内閣時の陸軍トップは、寺内寿一陸相、閑院宮参謀総長、杉山元教育総監となり、いずれも政治色が薄く、中堅幕僚層の意向が強く反映される布陣となった。また事件以降、陸軍の政治的発言力が急速に増大する。

そのような陸軍の政治状況のなかで強い影響力をもつようになったのが、陸軍省では武藤章軍事課高級課員、参謀本部では石原莞爾作戦課長であった。いずれも永田が軍務局長在任中にそれぞれ陸軍省、参謀本部に呼び寄せていた(ただし、石原の着任は永田暗殺の当日)。

武藤は、永田直系の統制派中核メンバーで、二・二六事件直後、有末精三《ありすえせいぞう》ら軍事課員を動かして、川島義之陸軍大臣はじめ、荒木、真崎、林、阿部ら古参軍事参議官に辞職を迫り、実現させた。また寺内を陸相に推す動きにも石原らとともに加わっている。広田弘毅内閣成立のさいには、陸相候補の寺内寿一とともに組閣に介入するなど、陸軍省において重要な役割を果たした。当時の磯谷廉介陸軍省軍務局長、町尻量基《まちじりかずもと》軍事課長は、いずれも非皇道派系一夕会会員で、武藤らの動きを容認していた。なお、永田の腹心東条英機はこのころ関東憲兵隊司令官として満州に赴任していた。

石原は、統制派メンバーではないが、非皇道派系一夕会会員で、陸軍内で満州事変の主導者として声望が高く、陸軍軍令機関の中心ポストである作戦課長として、事実上参謀本部をリードする存在となった。ちなみに、当時の参謀次長は西尾寿造《としぞう》、作戦部長は桑木崇明《くわきたかあきら》で、いずれも政治色は薄く、石原の発言力が突出していた。

この武藤、石原らを中心とする陸軍の圧力によって、一九三六年（昭和一一年）五月、広田弘毅内閣下で軍部大臣現役武官制が復活する。一三年（大正二年）第一次山本権兵衛内閣によって軍部大臣現役規定が削除され、その任官資格が予・後備役にまで拡大されていた。それが再び現役武官に限定されることとなったのである。武藤ら陸軍省軍事課の起案によるものであった。この影響はまもなく、後述する宇垣一成の大命拝辞すなわち宇垣内閣の流産となって現れることとなる。

石原莞爾

その翌六月、武藤は種々の政治工作の責任を取るかたちで関東軍参謀として満州に転出。石原が一時陸軍中央において主導的役割を果たすようになる。

石原は、西尾参謀次長ら上層部を動かし、参謀本部の編成を改組する。まず、同年六月に、国防戦略・戦争指導計画の立案と情勢判断を担当する戦争指導課を作戦部内に新設。これを参謀本部業務の中核と位置づけ、自ら初代課長となった。なお情勢判断はそれまで情報部の重要任務の一つであったが、戦争指導課に移されたのである。またこのとき、総務部にあった編制動員課が作戦課に吸収され、戦争指導課と作戦課を中心に作戦部が構成されることとなる。これらによって参謀本部の主要な権限が作戦部に集中するシステムとなった。

翌年一月、石原は作戦部長代理（作戦部長は空席）となり、同三月、正式に作戦部長に就任する。

二、石原の対ソ戦略と対中国政策の転換

この間、作戦課長に就任まもなく石原は、日本の在満兵力が極東ソ連軍の三割あまりの劣勢で、しかも戦車や航空兵力では五分の一程度であることを知り、愕然《がくぜん》とした。ソ連極東軍の急速な軍備強化によって、「満州国の国防は危殆に瀕しつつあり」との強い危機感をもったのである。ちなみに、一九三五年のソ連極東兵力は一四個師団、飛行機九五〇機、戦車八五〇両。日本側は、五個師団、飛行機二二〇機、戦車一五〇両であった。その年の末、石原は国策の重点として、ソ連の「極東攻勢を断念せしむる」ため、少なくともソ連極東軍に対して八割程度の戦力を大陸に配置する必要がある、との考えをまとめた。「開戦初頭に一撃を加うる」だけの対ソ戦備を要するとの判断からであった。

翌一九三六年(昭和一一年)六月、石原ら戦争指導課は「国防国策大綱」を立案し、参謀総長の決済を得た。このころ石原は作戦課長から戦争指導課長に転じていた。

その「大綱」では、まず、ソ連の「極東攻勢政策」を断念させることに全力をあげることが強調されている。そのためには、航空兵力などの兵備を充実するとともに、「日満および北支を範囲」として、対ソ持久戦の準備が必要だ。戦争に至らずにその目的(極東攻勢の断念)を達成することを最も希望するが、軍事衝突となればソ連を屈服させなければならない。また、ソ連を屈服させるには、米英との親善関係の保持を必須とする。したがって「対支工作」は、米英との親善関係を保持しうる範囲に制限するを要す。そう記されている。そのうえで、さらに「大綱」は次のような展望を示す。

ソ連の攻勢を断念・屈服させれば、次に、イギリスの「東亜」(東アジア、東南アジアを含む)における根拠地を奪取し、その勢力を駆逐する。それによって、東アジア、東南アジアの被圧迫諸民族を独立させ、さらに、ニューギニア、オーストラリア、ニュージーランドを日本の領土とする。こうして、「東亜」への「白人の圧迫」を排除し、「東亜の保護指導者たるの地位」を確立する。そしてさらに、これら「東亜諸国」を指導し、アメリカとの「大決勝戦」すなわち世界最終戦争に備える、と。

ここには石原の壮大な戦争計画が表明されているといえよう。かねてから石原は、アメリカとの世界最終戦を想定し、そのための「日満支」を中核とする東亜連盟の形成、アジアからの白人勢力の駆逐を主張していた。したがって、その東亜連盟論は、日本、中国に限らず、石油、ゴムその他の資源確保などを念頭に、東南アジアへの広がりをも想定したものだったのである。「大綱」は、海軍の意向をある程度考慮したものではあったが、このような構想は石原自身の考えでもあった。

だが、この「大綱」は、その対ソ戦備優先論のゆえに、南進戦備を重視する海軍の同意をえられなかった。この前後、海軍はワシントン・ロンドン両海軍軍縮条約を廃棄して軍備無条約状態となり、アメリカとの建艦競争に突入しようとしていた。したがって、建艦予算の優先的獲得を必須としていたのである。

そこで、陸海軍それぞれの兵備増強を併記した「国策大綱」が陸海軍間で成立。同年八月七日、それをもとに、南北並進の「国策の基準」が、広田内閣の五相会議（首相、陸相、海相、外相、蔵相）で決定された。

なお、同年（一九三六年）六月、陸海軍のそれぞれの主張を取り入れ、「帝国国防方針」「用兵綱領」の第三次改定がおこなわれた。そこでは、主要仮想敵国として、アメリカ、ソ連が併記され、それに次ぐものとして、中国、イギリスが新たに加えられた。また、戦時所要陸軍兵力は、五〇個師団、航空一四二中隊とされた。海軍兵力は、戦艦一二隻、空母一二隻などであった。

ちなみに、一九二三年（大正一二年）の第二次改訂では、主要仮想敵国はアメリカ、次いでソ連となっていた。また、戦時所要陸軍兵力は、四〇個師団、飛行中隊若干。海軍兵力は、戦艦九隻、空母三隻などであった。陸軍では一〇個師団増強、航空戦力の大規模な拡大、海軍では空母の大幅な強化が、企図されたのである。

石原ら参謀本部は、その対ソ戦備優先論が国策となりえなかったため、陸軍独自に「国防国策大綱」のラインで国防政策を推し進めていくことになる。

まず、一九三六年（昭和一一年）七月、石原ら戦争指導課は、「戦争計画準備方針」を策定した。そこでは、五年後の昭和一六年までに対ソ戦準備を整えるとされ、その中心的な内容となっているのが次の点である。第一に、兵備の充実、ことに空軍の飛躍的発展と在満兵力増強を実現する。第二に、「日、満、北支（河北省北部及び察哈爾省東南部）」を範囲とする戦争持久に必要な産業の大発展を図る。とりわけ満州国の急速な開発をおこない、相当の軍需品を大陸において生産できる態勢を確立する。今後五年間で、対ソ戦備の充実を図るとともに、持久戦に備えて生産力の飛躍的拡充を実現しようとするものであった。

同年初秋、石原は戦争指導課長として、陸軍省の町尻量基軍事課長、石本寅三軍務課長らと協議し、対ソ戦備の充実と、それを支える生産力の飛躍的拡充などを取り決めた。この直前の八月、陸軍省でも組織改編があり、政治対策全般を所管する軍務局軍務課が創設されていた。陸相を政策面で補佐する態勢を強化するためであった。

この石原、町尻、石本ら参謀本部・陸軍省の中心的実務担当者によって、石原の構想が推進されていくことになる。ちなみに、石原と町尻は一夕会会員で、かつ陸士同期の関係にあり、町尻は石原を陸軍省側からサポートしていた。

なお、この時期の陸軍省の基本ラインは、寺内寿一陸相、梅津美治郎陸軍次官、磯谷廉介軍務局長、町尻軍事課長であった。寺内は政治色が薄いうえに軍政経験がまったくないため、軍政上の判断を梅津以下にほとんど一任していた。梅津は実務型軍事官僚の最大の実力者であったが、特定の政治性はなく、この時点では石原らの動きを容認していた。また、磯谷は石原、町尻と同じく一夕会に属し、石原らの同調者だった。なおこのころ、作戦課長は一夕会会員の冨永恭次で、彼は永田直系の統制派メンバーでもあった。

同年一一月、陸軍省において「軍備充実計画の大綱」が策定された。昭和一七年までに四一個師団と一四二個飛行中隊を整備し、満州と朝鮮に一三個師団を配備する計画であった。対ソ戦備充実のための軍備拡張方針が決められたのである。

これを受け、広田弘毅内閣は、昭和一二年度予算案において、陸軍七億二八〇〇万円を認め、海軍六億八二〇〇万円とあわせて、前年度より合計三億五〇〇〇万円増の大軍拡予算となった。さらに軍拡計画の継続費として、陸軍一三億九〇〇〇万円が計上された。全予算案額は三〇億三九〇〇万円。歳出の四六・四パーセントが軍事費で、前年度より七億二七〇〇万円の膨張となった。二・二六事件によって、もはや内閣からの陸軍への財政的抑えが、ほとんど利かなくなったのである。

また、同年（一九三六年）八月、石原は、かねて組織させていた日満財政経済研究会から、その研究成果を、「日満産業五ヶ年計画」として提出させた。日満財政経済研究会は、満鉄調査部所属の宮崎正義を参謀本部嘱託としてつくらせたものであった。宮崎は満鉄調査部でロシア係主任のポストにあり、ソ連の社会主義的計画経済論に精通していた。したがって、その五ヵ年計画は、ソ連の社会主義経済論から、計画経済による工業生産力の拡充という新たな考え方を導入した、計画経済的統制経済論ともいうべきものだった。

この計画経済による工業生産力の拡充という考え方は、第一次世界大戦時のドイツをモデルとした永田らの統制経済論には、必ずしも含まれていない観点であった。永田らの統制経済論は、現にある工業生産力や技術を、国家的観点から合理的に再編成し統制・管理しようとするものである。それに対して、石原らの五ヵ年計画では、統制・管理のみならず、国家主導による工業生産力や技術水準そのものの高度化をも、その目的に含まれていた。もちろん、永田らも重化学工業化、軍需産業の強化を志向していたが、それは国家統制による産業構成の再編の方向で考えていた。必ずしも、石原らのように計画経済による工業生産力全体の積極的引き上げを、プランとして強く意識したものではなかったのである。

石原らの「日満産業五ヶ年計画」は、翌年（一九三七年）五月には、「重要産業五ヶ年計画」として陸軍省に移管された。その主な内容は、国家主導で、五年間で基礎産業を二ないし三倍に、飛行機生産を一〇倍に向上させるなど、重工業を中心とした生産力の飛躍的発展を図ろうとするものであった。同年六月、この計画は、広田・林内閣を継いだ近衛内閣によって政府決定とされる。

陸軍は、これらの計画から満州での軍需産業の拡充を独立させて、一九三六年(昭和一一年)一〇月「満州産業開発五ヶ年計画」を策定し、実行に移した。これは、大陸での戦争に必要な兵器や軍需品を満州で生産することをめざすものであった。

また石原は、対ソ戦備充実に向けての生産力拡充の観点から、国内経済の平和的安定化を重視し、少なくともその戦備が整う、一九四一年(昭和一六年)までの不戦方針すなわち絶対平和維持の方針を打ち出した。

ただ石原は、対ソ戦を必ずしも不可避的なものと考えていたわけではなかった。ソ連との不可侵条約締結の可能性も視野に入れており、そのためにも対ソ戦備の充実が必要だと考えていた。極東での日ソ間の軍事バランスが不均衡では、ソ連の極東での攻勢を断念させ、不可侵条約締結などを可能にする状況が醸成されないとみていたからである。

またもし開戦に至った場合でも、軍事力行使はソ連の軍事的脅威を排除することを目的とし、沿海州と北樺太の確保にとどめる方針であった。シベリア出兵時(一九一八年)の山県有朋や田中義一、皇道派による対ソ開戦論時(一九三三年)の荒木貞夫や小畑敏四郎などのように、広く東シベリアの占領や勢力圏化までめざしたものではなかった。石原の構想は、北方への領土拡大そのものを意図するものではなく、さしあたりの狙いは、ソ連の脅威の排除と、産業発展や持久戦用の資源確保に向けられていたからである。

ちなみに、沿海州は、当地のソ連渡洋爆撃機の存在が日本本土への脅威と考えられており、北樺太は、石油資源確保の観点から、当地油田の全面取得が念頭に置かれていた。しかし、それ以外のシベリアの地には、特に関心を向けてはいなかった。これといった軍需資源がみられなかったからである。また、北樺太の石油産出量も、必要量の一部をまかないうるにすぎなかった。したがって、北方への領土拡大は、資源確保のためには、あまり意味をもたなかったといえる。鉄鉱、石炭、石油、ゴムなど、主要軍需資源の自給には、中国本土および東南アジアの資源を必要としたのである。

ところで、さきの「戦争計画準備方針」では、前述した兵備充実と生産力拡充のほか、「政治および経済機構」の改革をおこなわなければならず、そのためには「根本的革新」を強行する覚悟を要する、とされている。さらに、その実行のためには「新時代を指導すべき政治団体」を結成しなければならないとも記されている。国内の政治経済システムの根本的改造を主張し、そのための指導的政治団体の創設にまで言及しているのである。

石原は、かねてから満州国は「一党独裁の国家」とすべきと考えていた。そして、独裁を担うべき政治団体として、自ら満州国協和会を設立した。協和会による一党独裁を実現しようとしていたのである。石原がこの満州国についての考えをまとめた一九三二年（昭和七年）ごろには、まだナチス政権は成立しておらず、その一党独裁国家のイメージはソ連を一つのモデルとしたものだった。

指導的政治団体創設による政治経済システムの根本的改造の主張は、この満州国での協和会による一党独裁の構想を、なんらかのかたちで日本国内に持ちこもうとする志向性をもつものであった。この石原の考えは、のちの武藤章らによる一国一党論に受け継がれていく。もちろんそのときにはナチス・ドイツの経験も吸収されることになる。

この石原の一党独裁の考えは、永田にはみられないものである。さきにふれたように、永田は陸軍が独自に国策の具体案を作成し、これを陸相を通じて内閣に強要する考えはもっていた。また、一種の授権法によって立法権を大幅に内閣に移し、陸軍の国策案を実施させる方向も検討していた。だが、一党独裁を考えていた形跡はない。ただ、独裁制下における機動的な工業化と軍事指導の実態については認識していた。たとえば、ソ連の「独裁下の統制国家」において、戦車生産とそれに転用可能な農業用トラクター生産に工業化の重点が置かれ、また戦車と飛行機の戦略的集中使用がなされていることなどの情報は得ていた。しかし、永田自身は独裁論に言及しておらず、一党独裁論は陸軍では石原独自のものであった。

なお、永田らが検討していた授権法について、一部に、ナチス・モデルのものとする証言がある。だが、永田の経歴からみて、それは第一次世界大戦時ドイツの授権法をもモデルとしたものであったと思われる。

また、石原は、一九三六年（昭和一一年）六月ごろには、ソ連の極東攻勢をヨーロッパ側から牽制するため、ドイツの利用を考えており、その面での日独の協力を望んでいた。

対ソ問題での日独間協力についての交渉は、前年夏ごろから、大島浩ドイツ大使館付陸軍武官と、ヒトラーの私的外交顧問リッベントロップおよびドイツ国防軍防諜局長カナーリスとの間で進められていた。この交渉は、当初参謀本部情報部ルートではじめられ、岡村寧次情報部長も承知していた。岡村はドイツの再軍備宣言に「敬服」の念を示しており、当時ドイツへのシンパシーを有していたと思われる。その後交渉には外務省も関与し、一九三六年(昭和一一年)一一月、広田内閣によって日独防共協定が締結された。

石原ら戦争指導課は、一九三七年(昭和一二年)一月、「帝国外交方針改正意見」を作成するが、そこでは日独防共協定によってソ連を牽制すべしとの考えが明記されている。石原にとって日独防共協定は、ソ連の極東攻勢をドイツ側から牽制させようとするものと位置づけられていた。少なくとも石原においては、必ずしも、日独の挟撃によるソ連侵攻が考えられていたわけではなかった。また、一部に、日独防共協定を欧州大戦開始後の日独伊三国同盟に直接つなげる見方があるが、少なくとも石原については、後述する欧州戦争絶対不介入の姿勢からみても、そうはいえないであろう。

石原の長期戦略は、さきにみたように、アメリカとの世界最終戦を念頭に、東アジア、東南アジアにおけるイギリス勢力の駆逐と、そこでの東亜連盟の建設、資源確保に向けられていた。つまり基本的には南方進出論といえるものであった。対ソ戦備の充実は、その前提としてソ連の極東攻勢を断念させ、背後の安全を確保しておこうとするものだった。

さて、ここで注意をひくのは、この「帝国外交方針改正意見」において、日独防共協定によるソ連牽制などの主張とともに、「北支」は漢民族の「統一運動」に包含せらるべきものだ、とされていることである。

そこには、次のような趣旨が記されている。日本は「東亜の保護指導者たるの地位」を確立する必要があり、そのためには「日支親善」が不可欠である。したがって現在深刻化しつつある日中間の対立関係を調整しなければならない。そのためには、中国の現在の「苦境」を認識し、その「建設統一運動」を援助すべきである。その観点からすれば、「北支」はこの統一運動に包含せらるべきものだ、と。

対中国政策において、従来の華北分離工作方針とは異なる見解が表明されているのである。

さらに、石原ら戦争指導課は、同一月、「対支実行策改正意見」を作成。そこで、「北支特殊地域」のような観念は「清算」し、これまでの華北「五省独立」の気運を醸成するような方策は「是正」すべき、との方針を打ち出した。

また、冀察政権の管轄地域は、中央政権の主権に属するものであり、冀東地区についても、適宜中国に復帰すべきものとされている。冀察政務委員会、冀東防共自治政府の南京中央政府への漸次的統一の方向が示唆されているといえよう。ちなみに、宋哲元らの冀察政権は、一応日本側と国民政府との妥協によって成立したものであったが、殷汝耕らの冀東政府は、その存在自体を国民政府は認めておらず、殷汝耕の逮捕命令を出していた。しかも、冀東政府は正規の国民政府側関税率の二〇パーセント前後での低率輸入税による貿易を認め（「冀東特殊貿易」）、国民政府の関税収入に大きな打撃を与えていたのである。

この石原らの意見を受け、同月、参謀本部は陸軍省に、「対支政策」を「変更」し、「北支分治工作は行わず」との意見を公式に伝えた。従来の華北分離工作を中止すべきとの方向転換を、はっきりと表明したのである。

この方針に陸軍省も同意し、同年四月、林銑十郎内閣の陸相・海相・外相・蔵相の四相会議で、「北支［五省］の分治」を企図するような「政治工作」はおこなわず、日中間の国交の調整を図ることが申し合わされた。これは国政レベルにおいても、岡田内閣閣議決定「第一次北支処理要綱」（一九三六年一月）以来の華北分離政策が中止されたことを意味した。

すでにみたように、華北分離工作は、陸軍中央においては、永田軍務局長時の「対北支那政策」を起点に推し進められてきたものであった。永田は、次期大戦は不可避とみており、そのさいの必要軍需資源は中国から確保しなければならないと考えていた。永田らの華北分離政策は、一面で大戦時の国家総力戦に備えた資源確保のための性格をもっていた。

国家総力戦のための不足軍需資源は中国から確保すべきとの観点は、石原も共有しており、かつては、その一過程としての華北分離工作にも否定的ではなかった。たとえば、満州事変時（一九三一年）、石原は、満蒙の資源では長期持久の国家総力戦遂行には不十分で、河北省の鉄鉱や山西省の石炭などが必須だと考えていた。したがって、満蒙を足がかりとして河北省、山西省など華北を制し、さらに場合によっては、「支那本部の要都」を占領下に置き、「東亜の自給自活の道」を確立すべきとしていた。「満州経略」の目的は、「世界争覇戦争」のため中国本土の「富源開発」の準備を整えるためだ、とも述べていた。

日中塘沽停戦協定成立(一九三三年五月)後も、「東亜連盟」実現のため、必要があれば中国本土も日本の支配下に入れ、「日支満三国を基礎範囲とする自給経済」を実行すべきとの意見であった。また、そのさいは、北京、天津、上海、南京、広東などの占領もありうるとの見解を表明していた。つまり、中国全土を含めた自給体制を考えていたのである。しかも状況によっては、ソ連のみならず、アメリカやイギリスとの戦争となることも想定していた。

また前年(一九三二年八月)にも、河北省の鉄鉱や山西省の石炭など華北資源の重要性を強調し、まず「北支那の開発」を実現すべきだとの私見をまとめている。なお、このころすでに石原は関東軍を離任し、中央の兵器本廠付となっていた。

だが、その後石原の考えは変化していく。少し細かくなるが、その後の日中戦争の要因に関連して重要な意味をもっているので、その変化を追っておこう。

まず、「国防国策大綱」(一九三六年六月)では、「日満および北支」を範囲として戦争持久の準備をおこなうとされていた。しかも、「対支政治工作」は、米英との親善関係を保持しうる範囲に制限すべきとの方針を示している。すなわち、資源確保の範囲が華北までとされ、しかも米英との親善が前提とされているのである。

さらに、「戦争準備計画方針」（同年七月）では、右の「北支」の範囲が、河北省北部および察哈爾《チャハル》省東南部に限定される。華北五省全体ではなく、そのうちの二省、しかも前述の冀東防共自治政府と冀察政務委員会の領域、すなわち現になんらかのかたちで日本の影響力が及んでいる範囲に限られているのである。

その後、石原は、日中の国交調整のため、「北支における無益の紛糾」を回避すべきこと、冀察政務委員会との交渉においても「我が権益を獲得せんとする行動」をおこなわないこと、などの意見をまとめた。また、冀東防共自治政府についても、支那駐屯軍（天津）からの直接的干渉を中止し、同政府からの日本人顧問を引き揚げること、などの意見を明らかにした。冀東政府、冀察政権への日本からの圧力を弱めようとしたのである。

そして、「帝国外交方針改正意見」で、「北支」は、漢民族の統一運動に包含されるべきとの見方を明らかにした（一九三七年一月）。そこから、これまでの華北五省の分離、自治方針は是正し、「北支分治工作」はおこなわない、との立場を打ち出した。また、冀東政府、冀察政権の漸次的解消と南京中央政府への統一も容認する姿勢を示した。明確に従来の華北分離工作を否定することとなったのである。したがって石原は、「北支の資源に目がくらんじゃならぬ」と述べ、華北の資源を論じるのは今は「有害」だ、などと述べていた。

では、なぜ石原は、このような軌道修正をおこなったのであろうか。その理由の一つは、対ソ戦備問題への危機意識からくる、米英など国際関係への配慮によるものである。

石原は、ソ連の極東攻勢政策を断念させるためには、アメリカ・イギリスとの親善関係が必要だと考えていた。もし対ソ戦となれば、当面、「米英国」からの「軍需品の供給」によらざるをえないと判断していたからである。したがって、「対支政治工作」も、米英との親善関係を保持しうる範囲に「制限」すべきだと主張していた。この米英への考慮から、両国が利害関心をもつ華北への勢力圏の拡大を図る分離工作は、抑制する必要があったのである。

もう一つの理由は、中国におけるナショナリズムの高まりと、それを背景とした国民政府による国家統一の進行と抗日運動の激化である。

国民政府は、一九三五年一一月、イギリス財政顧問リース＝ロスの助言に基づいて幣制改革をおこなった。イギリスのバックアップを受け、それまでの銀本位制から管理通貨制度に移行するとともに、貨幣制度の統一を実現したのである。これによって中央政府の経済基盤が安定し、国民政府による政治統一が急速に進行することとなった。また、知識人層を中心に抗日民族戦線形成の運動が展開され、徐々に国民的運動となってきていた。

これらの動向を背景に、胡漢民《こかんみん》ら国民党反蔣グループの西南派が、蔣介石らの南京中央政府と合流。さらに張学良による西安事件（一九三六年一二月）によって国民党と共産党の協力、いわゆる第二次国共合作が実現した。華北でも、国民政府の政治的経済的影響力の浸透によって山東省・山西省諸軍閥の中央化が進行し、宋哲元ら冀察政権も南京中央政府の圧力を受け日本との関係において距離を取るようになる。そして、中国各地に抗日テロ事件が頻発する事態になってきていた。

このような状況のなかで石原ら戦争指導課は、一九三七年（昭和一二年）一月、最近の「抗日人民戦線」は、現代中国の「苦悩の一表現」であり、これを中国統一を実現する運動、新しい中国建設の運動に転化させなければならないとの意見をまとめた。すなわち、一般の抗日運動をいたずらに弾圧するのではなく、「支那統一」「新支那建設」のための「正当なる民衆運動」に方向転換させるべきだというのである。

そのような方向転換の「動因」となりうるのは、まず日本側が「従来の帝国主義的侵寇政策」を放棄するとともに、「侵略的独占的優位的態度」を是正することである。そのうえで、さらに「新支那建設運動」「統一運動」への積極的な援助が必要だ。そう石原らは主張する。

これは、石原自身の中国認識の大きな転換を意味した。かつて石原は、漢民族は「自ら近代国家を造る能わざる欠陥あるもの」であり、中国が統一した主権国家となりうるか疑問だとしていた。また、彼らは「自ら治安維持をなす能力」を欠き、日本が中国全土の「政治的指導」をおこなうことが、彼ら自身にとっても「幸福」だとしていた。それが今や中国の統一と近代国家建設の可能性を認め、むしろそれを積極的に援助すべきだという。しかも、そのために日本自《みずか》ら侵略的な帝国主義的政策を放棄しなければならないというのである。

その背景には、「西安事件を契機」に中国では「内戦反対」の空気が醸成され、「国内統一」の気運が強固なものとなってきているとの、深刻な現状認識があった。石原は、前年の一一月から一二月にかけて、華北・満州を視察しており、そのときの経験もこのような認識の一要因になったと考えられる。これらが、石原が従来の華北分離工作に否定的となった理由であった。

さきに（一九三五年六月）、国民政府初代駐日大使蔣作賓《しょうさくひん》が、中国側の排日取締りと日本側の地方政権（自治政府類）支持中止などを条件に、日中間の国交調整を図ることを提案していた。これは満州国問題を一時棚上げにするもので、蔣介石ら中国政府中枢の承認を得たものとされていた。しかし、その後、冀東防共自治政府の樹立など華北分離工作の本格化によって、両国の関係は悪化していた。

石原は、この蔣作賓提案やその後の張群《ちょうぐん》外交部長の要請なども念頭に、華北分離工作を中止することによって、日中間の国交調整を図ろうとしたのである。すなわち、石原はこう考えていた。日本が冀東政府や冀察政権から手を引くなど、華北分離政策を放棄し、華北における政治的権益を引き揚げれば、日中提携は可能になる。それによって蔣介石に事実上満州国の存在を認めさせ、日中関係を東亜連盟の方向に進ませうる、と。

ただし、そのような融和的な方策にもかかわらず、中国が日本との国交調整を拒否し、東亜連盟の方向をまったく受け入れない場合は、武力によって「南京政府を撃破屈服せしむる」との覚悟は固めていた。石原の想定するアメリカとの世界最終戦には、中国の資源と潜在的経済力が絶対に不可欠だと考えていたからである。したがって石原は、そのような場合に備えて対中国作戦計画立案にも着手するが、その中途で盧溝橋《ろこうきょう》事件となる。

ただ、当時石原は、中国との戦争は当面できるだけ回避したいと考えていた。五ヵ年計画中の不戦方針からだけではなかった。石原は、さきにふれたように、対ソ戦略上、米英との良好な関係を維持することが必要だと判断していたが、両国は中国に強い利害関心をもっていたからである。

なお、石原ら戦争指導課は、「北支分治工作」すなわち華北での政治的自治工作はとりやめるとしながらも、「経済的文化的工作」については積極的に推進すべきだとしている。「日支経済諸工作」により「日支経済提携」に邁進する必要があるというのである。

しかし、ここでいわれている日中経済提携は、必ずしも華北分離工作で意図されていたような、排他的独占的なものを想定しているわけではなかった。石原らは、華北・華中への日本の「不平等的独占的経済進出」は是正すべきだとの立場であり、むしろ米英など「列強の対支経済進出」にも協力すべきだと考えていた。中国の統一と新国家建設に役立つなら、米英とも経済面から協調していこうとする姿勢であった。

ちなみに、この点は、永田軍務局長の指導下で作成された陸軍パンフレット『国防の本義と其強化の提唱』（一九三四年一〇月）のスタンスと比較して注意をひくところである。永田らは、列強諸国との不断の経済戦のなか、中国市場の確保は必須のことであり、欧米諸国の中国への進出には、種々の方策で対抗しなければならないとしていた。だが、石原らは、この時点では、中国への米英などの経済的進出を容認し、むしろ経済面において積極的に協力すべきだとしているのである。このことも、のちの武藤ら旧永田グループと石原との対立の一要因になっていく。

したがって、この段階では石原らは、「日満を範囲とする自給自足経済」を念頭に置いており、対ソ戦略においても「米英国より軍需品の供給」を受けることを視野に入れていた。つまり、対ソ戦準備のための軍需生産は、華北や華中を含まないかたちでの、日満の範囲によるものに限定して考えられていた。それは当然、資源上からも厳密な意味での自給自足体制たりえず、不足軍需物資は米英からの輸入による方向を想定していたのである。それゆえ、華北分離工作によって悪化している日中関係の改善のみならず、米英との国交調整が必要と考えられていた。

これが佐藤尚武《なおたけ》外相（林銑十郎内閣）の日英親善姿勢、広田弘毅外相（近衛文磨内閣）による日英交渉着手につながっていく。対中問題について、アメリカとの関係は、その原則的姿勢から当面は調整が困難と見こまれていた。だが、イギリスは中国での自国の権益維持の観点が強く、当時ボールドウィン首相など保守党右派には、その面から対日国交調整を希望する流れがあったからである。イーデン外相もその可能性を考慮していた。だが、交渉の事前打ち合わせ段階で盧溝橋事件が勃発し、事態は別の方向に進んでいく。

また、華北分離工作と並行しておこなわれていた関東軍の内蒙工作についても、石原は、中国との関係改善の観点から、中止すべきだとの見解であった。

内蒙工作とは、蒙古王族徳王《とくおう》を援助して、内蒙古を国民政府から独立させようとするもので、かねてから徳王は内蒙自治運動を起こして国民政府と対立していた。一九三六年五月、華北察哈爾《チャハル》省において、関東軍は徳王に内蒙軍政府を樹立させ、また徳王政権に満州国との相互援助協定を結ばせた。そして、同年一一月、関東軍の指導援助の下に内蒙軍が華北綏遠《すいえん》省に侵攻した（関東軍担当者は同参謀・内蒙古特務機関長田中隆吉）。だが、内蒙軍は、綏遠省中央部の百霊廟《ひゃくれいびょう》における戦闘で綏遠省主席傅作儀《ふさくぎ》の率いる中国軍に敗退。一二月上旬、内部でも叛乱が起き、徳王らは潰走した。

このような事態を契機に、翌年一月、石原ら戦争指導課は、内蒙軍政府は「対外侵寇」を中止し、国民政府側との確執を解消すべきだとの方針を示した。

百霊廟付近で激しい戦闘がおこなわれていたころ、一一月下旬から一二月初旬にかけて、石原は、満州・華北を視察した。その折り、石原は新京（長春）に立ち寄り、関東軍参謀首脳らと会談をもった。当時の関東軍参謀首脳は、板垣征四郎参謀長、今村均参謀副長、武藤章情報主任参謀などであった。

今村均の回想によれば、その席で石原は、内蒙工作を中止すべき旨を主張した。そのとき、武藤情報主任参謀は、石原に向かって、あなたは「満州事変で大活躍されました」。今我々は、満州で「あなたのされた行動を見習い、その通り内蒙で実行しているものです」と反論。同席していた若い参謀たちが「哄笑」した、とのことである。

武藤は、さきにふれたように、永田軍務局長の下で、華北分離工作を指示する「対北支那政策」が作成されたさい、その起案者であった（当時軍事課高級課員）。自ら起案した華北分離政策――それは永田の遺志でもあった――に否定的な方針を打ち出し、陸軍中央をリードしていた石原に、武藤は強く反発していたものと思われる。このことは、これまであまり指摘されていないが、見過ごされてはならない点である。ちなみに、武藤は永田が参謀本部情報部長であったとき、部長直属の総合班長であり、直接永田から強い影響を受けていた。

この華北分離工作や内蒙工作をめぐる石原と武藤の対立が、日中戦争勃発時の拡大・不拡大をめぐる両者の対立の伏線となっていくのである。この点を抜きには、当時なぜ武藤が、後述するように、あれほど上司である石原に反抗したのか理解できないであろう。なお、永田の腹心で板垣後任の東条英機関東軍参謀長も、一九三七年（昭和一二年）六月に、「南京政府に一撃を加え」るべき旨を陸軍中央に意見具申している。

ところで、石原は作戦部長となったころ（一九三七年三月）、河辺虎四郎戦争指導課長に、「早晩予期すべき西洋諸民族の世界的大争闘」に対して、日本は「その局外に立つべき」だとの見解を示している。つまり、予想される次期大戦には関与すべきでないと考えていたのである。これは彼独自の戦争史観から、日米世界最終戦争（二〇世紀後半期に想定）に向けて、日本は東亜連盟によってアジアを固める方策をとるべきで、欧米での大戦にコミットしてはならないとの判断からであった。

ちなみに、ヨーロッパでは、一九三六年三月、ヴェルサイユ条約、ロカルノ条約で非武装地帯とされていた独仏国境地帯ラインラントにドイツ軍が進駐し、緊張が高まっていた。また、前年一〇月、イタリアがエチオピア侵攻を開始し、国際連盟が経済制裁を実施したが、翌一九三六年五月、ついにエチオピアが併合される事態となっていた。

この石原のスタンスは、永田の構想と比較して軽視しえない点である。永田の国家総動員論は、あくまでも次期大戦を不可避と予想し、それに対応するためのものであった。つまり、次期大戦には、好むと好まざるとにかかわらず、日本もコミットせざるをえなくなる。その場合に備えて、国家総動員の準備と計画を整えておかなければならず、そのための態勢構築が不可欠だ。永田らはそう考え、さまざまな方策を実施してきたのである。

この相違は、日中戦争をめぐっての武藤ら拡大派と石原ら不拡大派との対立に影を落とすことになる。武藤らは、永田の強い影響を受け、ナチス・ドイツの再軍備宣言などによるヨーロッパ情勢の緊張先鋭化を背景に、華北の軍需資源確保を重視していた。さきにふれたように、次期大戦はヨーロッパから起こる可能性が高いと永田、武藤らは判断しており、ナチス・ドイツのヴェルサイユ条約破棄、再軍備宣言、ラインラント進駐は、その可能性が現実のものとなりつつあるとも考えられたからである。だが、石原は欧州の大戦には関与すべきでなく、したがって華北の資源にも当面は政略的なかたちでは手を出す必要はないと考えていた。この相違が、華北分離工作をめぐる対立の重要な一要因だったといえる。

さて、一九三七年(昭和一二年)三月、石原は作戦部長に昇格するが、その直前から、彼の影響力にも影が差しはじめていた。

同年一月、議会での政友会浜田国松議員による陸軍批判が、寺内寿一陸相の怒りを買い(いわゆる「腹切り問答」)、政党と陸軍が対立。議会解散を主張する寺内陸相と、それに反対する政党出身閣僚との閣内不一致で、広田弘毅内閣は総辞職した。

後継首班として、元老西園寺公望やその周辺の意向によって、宇垣一成元朝鮮総督に大命が下った。陸軍の動きを宇垣によってコントロールさせようとの狙いからだった。だが、石原ら陸軍中央幕僚の妨害によって現役武官から陸相候補を得られず、宇垣はついに組閣を断念した。広田内閣期に復活した軍部大臣現役武官制が有効に作動したといえる。小磯国昭ら旧宇垣派将官は、派閥抗争敗北後は陸軍中央や配下の幕僚の意向に沿って動いており、保身のため宇垣からの陸相就任要請を断ったのである。

次に、宇垣に代わって、林銑十郎元陸相に大命が降下した。石原ら陸軍中央の希望に添うものであった。

石原は、組閣本部に元満鉄理事の十河信二《そごうしんじ》を送りこみ、満州時代から近い関係にある板垣征四郎関東軍参謀長を陸相に就任させようとした。林は了承していたが、寺内寿一陸相、閑院宮参謀総長、杉山元教育総監による陸軍三長官会議は、中村孝太郎教育総監部本部長を推薦した。林は板垣の陸相就任を要請したが、三長官会議は受け入れなかった。これは梅津美治郎陸軍次官による働きかけによるものだった。板垣は陸士で梅津より一期下で、陸大では五期も下であった。しかも梅津は陸大首席、板垣はその期の優等卒業者六名にも入っていなかった。梅津にとって、その板垣が次官の自分を飛び越えて陸相に就任することは、陸軍の序列を乱すものと受けとめられたのである。また、次官である梅津に相談もなく陸相工作を進めている石原らの動きも容認しがたいものであったと思われる。

三長官会議の反対を受けて、林はついに板垣の陸相就任を断念。中村を陸相に決定した。これによって板垣陸相を通じて全陸軍を動かそうとした石原らの企図は挫折し、その影響力に影が差しはじめる。

この後、林内閣は約四ヵ月で総辞職し、一九三七年（昭和一二年）六月四日、近衛文麿内閣が成立した。

三、盧溝橋事件と石原・武藤の対立

その約一ヵ月後の七月七日、盧溝橋事件が起こる。

当日夜、北京（当時北平）西郊の盧溝橋付近で、日中両軍の間で小規模な衝突が起こった。

だが、一一日、現地では、日本側支那駐屯軍と中国側第二九軍との間で停戦協定が成立した。しかし、東京の陸軍中央は、その前日の七月一〇日、関東軍二個旅団、朝鮮軍一個師団と、それに加え内地三個師団の華北派遣を決定していた。翌一一日、近衛内閣も、内地三個師団の動員実施は状況によるとの留保を付けて、陸軍案を承認した。同時に、今回の事件は「支那側の計画的武力抗日」であり、「北支」治安維持のため「重大決意」をなし派兵を決定した旨の政府声明を発表した。

この日本政府の「重大決意」声明に対し、蔣介石は、一七日、「最後の関頭」に至った場合は抗戦する、との「廬山談話」を発表した。蔣介石は、この時点で、日本への応戦準備はまだ十分ではないが、もはや応戦せざるをえないと判断していた。

同日、東京の陸軍中央は、第二九軍長宋哲元の謝罪、現地の馮治安第三七師長の罷免、付近の中国軍の撤退などを要求するよう支那駐屯軍に指示。一九日、宋哲元ら第二九軍首脳は、日本側の要求の大部分を受け入れ、停戦協定の実施条項に調印した。

だが、蔣介石ら国民政府は、同じ一九日、現地協定は南京中央政府の承認が必要で現状では認められず、両国の政府間での外交交渉を要する旨を日本政府に通告した。また、国際仲裁裁判所に裁定を求めるべきだとの見解を日本側に示した。

これを受け、二〇日、陸軍中央は内地三個師団の動員派遣実施を決定。同日夜の閣議で派兵が承認された。しかしその後、現地の情勢が沈静化し、陸軍の判断で派兵は延期された。

だが、それまで日本側に妥協的だった宋哲元が、二三日ごろから強硬姿勢となり、二五日、北京南東の廊坊で日中の部隊が交戦。二六日には、北京の広安門で日中両軍が衝突した。

二七日、陸軍中央は内地三個師団の動員命令を決定し、緊急閣議で承認。第五師団（広島）、第六師団（熊本）、第一〇師団（姫路）の動員派遣が実施に移された。

同日、ついに、参謀本部は支那駐屯軍司令官に対し、北京・天津地方の中国軍を「膺懲《ようちょう》」し同地方の安定を図るべし、との命令を下した。翌二八日朝、支那駐屯軍、満州・朝鮮からの増援部隊、関東軍飛行隊などからなる現地日本軍は総攻撃を開始。翌二九日、北京、天津を占領した。その後、内地三個師団と関連部隊が現地に到着し動員兵力は約二〇万に達した。

その間、陸軍中央では、石原莞爾参謀本部作戦部長らの事態不拡大派と、武藤章作戦部作戦課長、田中新一陸軍省軍務局軍事課長らの拡大派が対立。両派の激しい攻防が展開された。

その動きをもう少し詳しくみていこう。

事件の第一報は、七月八日未明に陸軍中央に入り、ひきつづき続報が到着した。このとき、参謀本部を統括していた今井清参謀次長は病床にあり、石原作戦部長が実質的に軍令部門の最高責任者であった（参謀総長は皇族の閑院宮）。

知らせを聞いた石原は、事態不拡大、現地解決の方針を示し、現地の支那駐屯軍に事件の拡大防止、武力行使回避を指示した。

だが、武藤作戦課長と田中軍事課長は、石原とは異なった判断をしていた。すなわち、南京政府は「全面戦」を企図している可能性もあり、この事態には「力」をもって対処するほか方法はない。それには「北支」の兵力を増強し、状況に応じて機を失せず「一撃を加える」。そう両者は意見一致したのである。

武藤と田中は陸士同期で、一時ともに教育総監部に所属しており、親しい関係にあった(二人とも一夕会会員)。ただ、このときは、武藤が田中より陸大三期上で、軍令機関の中枢実務ポスト作戦課長という職責もあり、武藤が拡大派を主導していた。武藤は三月に関東軍情報主任参謀から参謀本部作戦課長に、田中も同時期に陸軍省兵務局兵務課長から軍務局軍事課長に就いていた。ちなみに、作戦課長（戦争指導課長兼任）だった石原は作戦部長に、軍事課長だった町尻は侍従武官となっていた。

武藤の作戦課長就任には石原の意向も働いていた。石原は、武藤の二・二六事件後の軍事課高級課員としての働きなどから、その能力を高くかってていた。新京での出来事があったにもかかわらず、使いこなす自信があったのであろう。なお、永田暗殺直前から盧溝橋事件直後まで、課長級以下の人事配置に実務的権限をもつ陸軍省補任課長は、非皇道派一夕会会員の加藤守雄だった。

翌九日、武藤ら作戦課は、華北の中国側第二九軍および中央軍増援に対応するためとして、関東軍二個旅団、朝鮮軍一個師団、内地三個師団の現地派兵案を作成した。田中新一軍事課長も、このさい「徹底的に禍根を剪除《せんじょ》」するため、宋哲元らの第二九軍を、北京・天津地域のみならず河北省全域から排除すべき、との強硬論を主張した。

これに対し、石原の影響下にあった、河辺虎四郎作戦部戦争指導課長や柴山兼四郎陸軍省軍務局軍務課長らは事態不拡大のスタンスをとっていた。河辺と柴山も陸士同期だった。

翌一〇日、参謀本部で武藤ら作戦課の派兵案が審議された。このころ石原は、「目下は専念満州国の建設を完成して、対ソ戦を完成し、これによって国防は安固をうるのである。支那に手を出して支離滅裂ならしむることはよろしくない」と考えていた。現在は満州国の建設に専念し、対ソ軍備を完成すべきときで、今中国に手を出せば、これらが阻害され国防建設は混乱する。したがって事態を拡大すべきでない、というのである。だが、この審議では、武藤らの派兵案に同意を与えた。

このときの理由として、のちに石原は、実際に派兵するには決定後数週間かかる。不拡大を望んでいたが、「形勢逼迫」した場合の「万一の準備」として動員は必要と判断した、と述べている。この日、蔣介石直轄の中央軍四個師団北上の情報が入っていた。石原は、その情報から、現地軍と居留民に危機が迫っているとの急迫感から、やむなく派兵案を承認したのである。

当時、現地の支那駐屯軍は約六〇〇〇の兵力で、その保護下にある北京・天津地域の日本人居留民は約一万五〇〇〇であった。これに対して、中国側第二九軍は約七万五〇〇〇の兵力で、しかもこれに国民政府軍精鋭の中央軍四個師団（約六万）が北上中との情報がもたらされた。これが石原の判断に大きな影響を与えたといえよう。

前日の九日、事件の状況報告を受けた蔣介石は、河南省の二個師団、山西省の二個師団に北上を命じていた。ただ、蔣介石直轄の中央軍は一個師団のみであり、しかも第二九軍首脳から、増援派遣は日本を刺激して事態拡大の危険がある、との情勢判断が入り、各師団の北上の動きは緩慢となった。このような中国側の北上動向が、石原に過大に伝えられ、武藤らの派兵案を不本意ながら承認することになったのである。結局、中国側四個師団の現地到着は大幅に遅れ、二七日の日本軍による総攻撃には間に合わなかった。

一一日の派兵閣議決定後、武藤ら作戦課は、一六日、宋哲元の謝罪、現地第三七師長の罷免など厳しい内容の要求を期限付きで中国側に突きつけ、誠意ある回答がなければ、留保されていた内地三師団をただちに動員して「支那軍を膺懲《ようちょう》」すべしとの主張をまとめた。そのさい、戦場はなるべく「北支に限定」するが、状況によっては「対支全面戦争」に移行することもありうるとしていた。また、参謀本部情報部も強硬姿勢で、即時出兵を要請していた。

このころ石原ら不拡大派は、一一日の現地停戦協定後の交渉の推移を見守るべきだとしていたが、武藤ら拡大派は、より強硬な態度をとるべきだとの方針を打ち出したのである。

石原は、これに次のように反対した。

現在の動員可能師団は三〇個師団で、そのうち中国方面に振り向けることができるのは一五個師団程度である。それでは中国との「全面戦争」は不可能である。しかし、内地三個師団を派遣し戦闘状態に入れば、全面戦争となる危険が大きい。今中国と戦争になれば、「行くところまで行く」。そうなると「長期」にわたる「持久戦争」とならざるをえない。だが、現状では相当数の精鋭師団を対ソ国境に配備しておかねばならず、十分な兵力を中国に投入できない。そのような状況下で、中国の広大な領土を利用して抵抗されれば、泥沼に入った状態となり身動きが取れなくなる、というのである。

石原は、今は対ソ戦備の充実に全力をあげるときであり、中国との軍事紛争となれば、その力を削がれるため、「極力戦争を避けたい」と考えていた。だが、内地三師団派遣は対中国全面戦争の誘因となり、対ソ戦備の充実どころではなくなる。今の中国はかつての分裂状況から国家統一に向かいつつあり、民衆レベルでの民族意識が覚醒してきている。そのようななかで全面戦争となれば、長期の持久戦となる危険が大きく、自らの国防戦略が崩壊する。そうみていたのである。しかも、「長期戦となり『ソ』連がやって来る時は目下の日本ではこれに対する確信がない」として、その面からも本格的な対中軍事発動は避けるべきだと判断していた。

それに対して、武藤らはこう考えていた。中国は国家統一が不可能な分裂状態にあり、日本側が強い態度を示せば蔣介石ら国民政府は屈服する。今は軍事的強硬姿勢を貫き一撃を与え、彼らを屈服させて華北五省を日本の勢力下に入れるべきである。そして、満州と相まって対ソ戦略態勢を強化することが必要だ。現在の事態は、それを実現する絶好の機会である、と。

つまり、国民政府に一撃を加えて屈服させ、従来からの政策である華北分離を実現させようとするものであった。日本が実質的に華北五省をコントロールし、独占的支配権を獲得することによって、華北の資源と市場を確保しようとしたのである。また、それには、軍事的一撃を与えれば容易に屈服するとの、中国の抵抗力に対する低い評価がともなっていた。そのころ武藤は、華北に内地三個師団を派遣すれば、「あそこらの有象無象が双手を挙げて来るだろう」と発言していた。

ただ、このような中国認識は、武藤らの一撃論にとって副次的な理由であった。主要な要因は、石原の欧州戦争絶対不介入論に基づく、華北分離工作の中止や華北権益放棄の方針を打破することにあった。当時欧州では、ドイツの再軍備宣言につづくラインラント進駐や、イタリアのエチオピア侵攻と連盟の制裁決定などで、軍事的緊張が高まっていた。そのようななか、武藤らは次期大戦への対処の観点から、石原の政策に強い危機感をもち、華北の軍需資源と経済権益をあくまでも確保しようとしたのである。

かねてから武藤は次のような意見をもっていた。

蔣介石ら「国民党」の外交政策は、国権回復、領土回復をめざす「革命外交」である。それは、「決して満州というものを将来放棄しようという意志をもたない」ものであり、満州を「自分の国に取り返そう」とし、米英や連盟の力をかりて「日本に抗して」きている。今後も必ずや「日本に刃向かってくる」であろう。これに対して、日本は「日満提携」を図り、さらにこれを「ぜひ支那の本土に及ぼさなければならない」のであり、そのための「覚悟と準備」をもたねばならない、と。すなわち、それは中国の漸次的勢力圏化を企図したものであり、国家総力戦に向けての軍需資源確保や市場獲得への要請を背景とするものであった。

ただし、この段階では、武藤、田中ら陸軍中央の対中強硬派も、米英などへの考慮から、中国の領土保全や門戸開放を定めた九ヵ国条約を正面から否定するつもりはなかった。したがって、華北の独立国家化や領土化など中国の主権を否定する方向ではなく、あくまでも自治的な独立政権などによる華北分離の実現、すなわち華北の勢力圏化を考えていた。たとえば、武藤は、一撃は加えるけれども、「南京を取ろうということは考えていない」と述べている。また、田中軍事課長も、不拡大方針は「北支権益」を放棄することにつながり、華北の「権益擁護」のためには強硬な態度を貫かねばならないとのスタンスであった。

当時陸軍中央の幕僚の間では、武藤ら拡大派に同調するものが多数で、石原らの不拡大派は少数であった。部局長、課長では、不拡大派は、石原参謀本部作戦部長のほか、河辺参謀本部戦争指導課長、柴山陸軍省軍務課長などに限られた。拡大派は、武藤参謀本部作戦課長、田中陸軍省軍事課長、笠原幸雄《ゆきお》参謀本部ロシア課長、永津佐比重《さひしげ》参謀本部支那課長などで、さらに塚田攻《おさむ》参謀本部運輸通信部長、下村定《さだむ》参謀本部戦史部長も同様のスタンスであった。一般の課員レベルでは、河辺の指揮下にある戦争指導課員のほかは、大多数が拡大派であったとみられる。ことに当時、課員数四、五名程度の他の課にくらべ、作戦課員は二〇名前後で、それがほとんど武藤課長の影響下にあった。これが、武藤の強い発言力の一つの背景になっていた。

このような幕僚層の動向からみて、多くの幕僚が、石原による対ソ戦備の充実と軍備拡張の推進は、高く評価していたが、その後の華北分離工作の中止には、むしろ不満をもっていたものと推測される。さきの梅津次官による板垣陸相就任阻止も、そのような幕僚層の不満を読んでのことと思われる。

さて、一七日、杉山陸相、梅津次官ら陸軍省首脳は、武藤と連携していた田中軍事課長らの働きかけもあり、武藤らの作戦課案を支持。石原と彼らの間で厳しい議論が交わされた。だが石原も、交渉の遷延は中国中央軍北上の時間稼ぎではないかとの疑念を払拭できず、ついに交渉に期限を付けることに同意した。現地軍と居留民の安全に不安をもっていたからである。同日、一九日を交渉期限とすることが、五相会議（首相、蔵相、外相、陸相、海相）で了承された。

この日本側の強硬姿勢に、宋哲元ら第二九軍は日本側要求を大部分受け入れ、一九日に協定の細目が調印された。

しかし、蔣介石ら南京中央政府は、現地における協定細目の有効性を事実上拒否。それにより、二〇日、参謀本部は武力行使を決定し、閣議も内地師団の派遣を承認した。

ところが、二一日、現地視察から帰国した中島鉄蔵参謀本部総務部長、柴山陸軍省軍務課長らは、宋哲元が一九日調印の協定細目を次々に実行に移しつつあり、兵力増援の必要はないとの報告をおこなった。また、支那駐屯軍の橋本群参謀長からも同様の電信が届いた。

これをうけ、二二日、陸軍中央は内地師団派遣を見合わせることを決定した。このとき、内地師団派遣中止を主張する石原と、派遣実施をせまる武藤とが激論。「君が辞めるか僕が辞めるか、どっちかだ」との言い争いにまで至った。

幕僚間では、たとえ部長と課長の関係でも、組織としての決定でないかぎり、個別的な命令服従関係にはなく、参謀総長への意見具申などが許されていた。だが部長が指示すれば課長はそれに従うのが通例であった。しかし武藤はそのような通例の態度をとらず、石原の意向と徹底的に争ったのである。ただ、このときは陸軍中央の決定として、石原らの意見で内地師団派遣は見合わされた。

だが、二五日に廊坊事件、二六日に広安門事件が発生。ついに、同日夜、石原も、「徹底的に膺懲せらるべし」との通報を現地軍に送った。そして、翌日の内地三個師団派遣決定、翌二八日の総攻撃開始となるのである。

ところで、当時の中国では、盧溝橋付近での出来事のような小規模な紛争は珍しいことではなかった。それを、なぜこの時点で武藤らは「一撃」を加え、事態を拡大させようとしたのだろうか。さきにふれたように、武藤は、永田の指導の下で自ら起案した華北分離政策を、石原が放棄したことに強く反発していた。武藤による石原の不拡大政策への攻撃は、石原の華北分離工作中止への反撃でもあった。その意味で、日中戦争は、石原の華北分離政策放棄に対する反動であり、激しい揺り戻しとしてはじまったともいえよう。

それにしても、なぜそれがこの時点だったのだろうか。じつは、七月七日の盧溝橋事件より約一ヵ月前の六月一一日、ソ連で赤軍最高指導者トハチェフスキー元帥らの処刑が発表された。その後も赤軍指導部の粛清は続き、多数の軍首脳が処刑された。このスターリンによる赤軍大粛清は翌年まで継続し、旅団長以上の約四五パーセントが殺害されたといわれている。

このトハチェフスキー元帥らの処刑の情報は、すぐに陸軍中央にもたらされ、この事件で赤軍は大打撃を受けており、ソ連が介入してくる可能性は低いと判断された。それが、この時点で、盧溝橋事件を機に中国に一撃を加えようとした一つの要因だったと思われる。軍事的打撃によって南京国民政府を屈服させる好機と捉えられたのである。

また、一九三五年三月のナチス・ドイツのヴェルサイユ条約破棄、再軍備宣言、さらに翌年三月の、西ヨーロッパの安全保障を取り決めたロカルノ条約破棄、ラインラント進駐、同年五月のイタリアによる――国際連盟の経済制裁下での――エチオピア併合などによって、ヨーロッパの緊張が激化していた。武藤は、このような欧州情勢のなかでは、米英など列強諸国は東アジアに本格的には介入できないと考えており、「千載一遇の機会だから、この際

〔対支軍事作戦を〕やった方がよい」と発言していた。

さらに、このような軍事的緊張の先鋭化によって大戦勃発の可能性が強まっていると考えられていた。武藤は、永田の同様の見地から、それに対応するためにも華北の軍需資源と経済力を掌握しておく必要があると判断していたのである。

この約二年後の一九三九年九月、第二次世界大戦がはじまる。

第六章

日中戦争の展開と東亜新秩序

日中戦争．漢口作戦で浦口に上陸した兵士．1938年（写真：読売新聞社）

一、戦争の拡大と戦線の膠着

さて、一九三七年(昭和一二年)七月二八日、日本側現地軍の総攻撃が開始され、翌二九日には、北京・天津地域をほぼ制圧した。このとき、石原ら参謀本部は、なお不拡大方針を維持すべく、軍事行動を北京・天津地域の制圧に限定し、作戦範囲を北京・天津南西の保定—独流鎮の線以北とするよう指示していた。

だが、八月九日、上海で日本海軍の特別陸戦隊員二名が中国保安隊に射殺される事件が起き、当地でも緊張が高まった。上海の日本人居留民は約二万六〇〇〇で、それを保護する海軍陸戦隊の兵力は約三〇〇〇にすぎなかった。翌一〇日、海軍は巡洋艦四隻、駆逐艦一六隻、陸戦隊三〇〇〇名を上海に急行させた。同日、近衛内閣は、米内《よないみつまさ》光政海相の提議で上海居留民の現地保護の方針を確認し、そのための陸軍部隊の派遣準備を承認した。

石原作戦部長は、杉山陸相の要請に対して、派兵は華北だけにとどめなければ全面戦争となるおそれがあるとして、陸軍部隊の派遣に反対した。だが、武藤作戦課長は、陸海軍が一致して中国軍に徹底的打撃を与えなければならないとして、派兵に積極的であった。石原は、上海方面の中国軍の防御態勢が強化されているとして、なおも難色を示した。

かねてから石原は出兵は「北支のみ」に限定すべきとしていた。これに対して武藤は、「多数の居留民を擁する青島、上海」を、まったく「保護せぬ」ままにおくことは「疑問」だと考えていた。

しかし、その後の海軍からの強い要請に石原も折れ、やむなく派兵を了承。一三日の閣議で、陸軍三個師団の派兵が決定された。そして同日夜、上海の日中両軍は交戦状態に入った。翌一四日朝、中国空軍が上海の日本艦隊および陸戦隊を爆撃。日本側も、一四日、一五日の二日間、南京、杭州、南昌などの中国空軍基地に渡洋爆撃をおこなった。

八月一五日、近衛内閣は、「支那軍の暴戻《ぼうれい》を膺懲」し、もって南京政府の反省を促すため、「断固たる処置をとる」との声明（暴支膺懲論）を発表。一三日に派兵が決定された三個師団のうち二個師団で上海派遣軍が編成され、残る一個師団は青島（日本人居留民一万三〇〇〇）に派遣されることになった。二日後の一七日には、米内海相主導で「不拡大方針を放棄する」との閣議決定がなされた。

一方、中国側は、日本軍の華北での総攻撃によって、全面抗戦に踏み切った。蔣介石は「最後の関頭」に至ったとして、対日抗戦を決意。八月一二日、蔣介石の陸海空三軍の総司令官就任が決定され、彼をトップとする軍事委員会が抗戦の最高統帥部とされた。一四日、国民政府は抗日自衛を宣言。一五日には全国総動員令が下された。また、国民党と共産党の連携交渉も進められ、九月二三日には、第二次国共合作が正式に成立する（第一次は北伐前の一九二四年)。

さて、上海では、海軍陸戦隊が優勢な中国軍の抵抗を受けて苦戦するなか、八月二三日、上海派遣軍が、上海北部近郊に上陸した。だが、中国軍は、ドイツ軍事顧問団の援助によって築かれた強力なトーチカ陣地や、縦横に走るクリーク(水濠)を利用して頑強に抗戦。日本軍は苦戦に陥った。中国側は、上海近郊を首都防衛の重点地域として、中央直系の精鋭部隊を中核として兵力を集中していたのである。上海派遣軍は激烈な反撃を受け、損害が続出した。ちなみに、日本軍死傷者数は、戦闘がはじまった八月中旬から、上海付近での戦闘が一応終息する一一月上旬までで、約四万人を超えることとなる。

そのため、参謀本部は、さらに三個師団の上海派兵を決定し、九月一一日、当該師団に派遣命令が出された。これによって上海派兵は全五個師団となった。石原ら作戦部は、当初、華北を重点とし、上海派遣は二個師団のみの限定的兵力使用にとどめようとしていた。しかし、上海の戦況はそれを許さなくなっていたのである。

ところで、関東軍は、盧溝橋事件が起こると、まもなく内蒙古察哈爾《チャハル》省などにおける兵力行使を軍中央に強く要請した。参謀本部はそれを認めなかったが、関東軍部隊の一部は制止を押し切って、八月五日から察哈爾省内の多倫《ドロン》・張北に進出。九日、参謀本部はやむなく察哈爾作戦の実施を関東軍に命じた。この間、石原は不拡大の立場から作戦に反対していたが、武藤は関東軍の要請を強く支持した。関東軍は、東条英機参謀長の直接指揮のもと本格的に察哈爾省に侵入。八月二七日、察哈爾省都の張家口を占領した。その後も関東軍は、綏遠省・山西省方面に進撃をつづけ、華北での作戦を北京・天津地域に限定しようとした石原らの当初の意図は、この方面から崩れた。ちなみに、東条と武藤は、ともに永田直系の統制派グループに属していた。

さらに、華北では、八月三一日に、従来の四個師団に、青島派遣予定の一個師団、内地から追加派遣された三個師団をあわせて、全八個師団による北支那方面軍が編成された。青島派兵は、八月二四日に近衛内閣が青島居留民の引き揚げ方針を決め、取りやめられていた。なお、翌二五日、近衛首相、杉山元陸相、米内光政海相、広田弘毅外相、賀屋興宣《かやおきのり》蔵相による五相会議で宣戦布告はおこなわないことが決定された。主にアメリカの中立法の発動を回避するためであった。日本は戦争遂行に必要な機械類や戦略物資の多くをアメリカからの輸入によっていたが、中立法は交戦国へのそれらの輸出を禁じていたからである。

北支那方面軍は、戦争の早期終結のため、河北省中部の保定付近で中国軍に大打撃を与えることを作戦目的として編制されたものであった。この保定作戦は九月中旬から本格化するが、中国側が後退戦術をとったため、中国軍主力に打撃を与えることはできなかった。石原らは保定作戦においても、作戦地域を保定―滄州《そうしゅう》の線付近に限定し、なお不拡大のスタンスを維持しようとしていた。だが、北支那方面軍は作戦地域を、さらに南の石家荘―徳州の線に拡大した。

石原作戦部長や河辺戦争指導課長らは、保定付近に限界を定め、占領地域の安定的確保を図ることを主張した。しかし、武藤作戦課長や田中軍事課長らは、国民政府を短期間に敗北させ、持久戦に持ちこませないためにも、作戦地域の拡大が必要であると主張した。このように陸軍中央に意見の対立があり、統一した戦争指導がなしえない状態では、現地の北支那方面軍などをコントロールすることは困難であった。これが現地軍の独走を許すことになっていく。

こうして日中戦争は事実上全面戦争となっていった。そのようななか、九月二七日、石原は作戦部長の職を辞し、関東軍参謀副長として満州に転出する。石原は参謀本部を去るとき、かつて課長を務めた戦争指導課で、「ついに追い出されたよ」と述べたとされている。だが転任は、自らの不拡大方針を貫徹できなかった本人の希望でもあったようである。

このように石原は、武藤、田中ら拡大派との抗争に敗北し、陸軍中央を去った。

これによって、統制派の武藤章参謀本部作戦課長と、それにつながる統制派系の田中新一陸軍省軍事課長が、陸軍中央で強い影響力をもつこととなる。なお、田中新一軍事課長は、統制派の冨永恭次前作戦課長とも、陸士、陸大と同期で、また同時期にヨーロッパ駐在となり渡欧をともにするなど、かなり近い関係にあった。また、冨永は、同じ統制派の東条英機関東軍参謀長と強いつながりをもっていた。武藤、田中、冨永、東条は、のちに太平洋戦争開戦前後の陸軍首脳部中枢を構成することになる。

ただ、石原の影響は、なお河辺戦争指導課長、多田駿《ただはやお》参謀次長など、参謀本部に残っていた。多田は、今井清参謀次長の病没により、その後任として八月一四日より参謀次長となっていた。石原とは仙台幼年学校の先輩後輩の間柄で、また石原が関東軍参謀末期に満州国軍政部最高顧問として満州でともに勤務し、二人は近い関係にあった。したがって、その参謀次長就任には石原の働きかけがあったとみられている。なお、石原後任の作戦部長には、拡大派の下村定戦史部長が就いた。

ちなみに、日中戦争開始時、永田鉄山直系の統制派主要メンバーのうち、武藤章作戦課長のほか、東条英機関東軍参謀長、冨永恭次関東軍参謀、今村均関東軍参謀副長、片倉衷関東軍参謀、服部卓四郎作戦課員、辻政信関東軍参謀部付など、多くが拡大派に属していた。これに対し、統制派メンバーのなかで不拡大のスタンスをとったのは、池田純久支那駐屯軍参謀、堀場一雄戦争指導課員ら少数であった。これ以後、東条、武藤、冨永ら拡大派が、統制派主流となる。

さて、上海での戦況を打開するため、すでに参謀本部は三個師団の増派を決定していた。武藤作戦課長は、上海南方の杭州湾への上陸作戦によって中国軍の背後を突くことを上申し、さらに北支那方面軍から二個師団を上海作戦に投入することを実現させた。そして上海派遣軍と杭州湾上陸軍などで中支那方面軍が編制された。その任務は、北支那方面軍と同様、中国軍に打撃を与えて抗戦意志を挫き、戦争終結の機会をつかむことにあった。このとき武藤は、自ら希望して中支那方面軍参謀副長となり陸軍中央から転出する。後任の作戦課長には、河辺戦争指導課長が就いた。同時に、戦争指導課は廃止され、作戦課に戦争指導班として吸収された。

一一月五日からはじまった杭州湾上陸作戦は成功し、背後に脅威を受けることとなった上海付近の中国軍は、ついに総退却を余儀なくされた。最重要視していた防御線を突破された南京政府は、一一月一七日、内陸深部にある四川省重慶への遷都を決定し、なお抗戦継続の意志を示した。上海作戦は戦術的には成功したが、南京国民政府の戦争意志を挫折させるという、当初の戦略目標の達成には失敗したのである。

このころ、その後の増派などもあり、日本側は、華北方面に七個師団、華中方面に九個師団を派遣しており、本土に残る常設師団は、近衛師団と第七師団（旭川）のみとなっていた。また、対ソ防備の考慮から、精鋭の常設師団は満州に配置され、上海方面の作戦には、臨時編制の特設師団が一部投入された。特設師団は、現役兵率の低い編制装備の劣る部隊であり、戦闘では多数の死傷者を出し凄惨な状況に陥る場合が少なくなかった。また、ソ連の出方を警戒し兵力の逐次投入となったことも、上海現地軍の損害が拡大する要因となった。

華北では、河辺ら参謀本部が軍事作戦地域を河北省に限定する方針を示したにもかかわらず、北支那方面軍は、河北省のみならず、山西省、山東省へも侵攻。参謀本部の意図に反して、戦線は拡大していった。参謀本部が現地軍に対して強硬な手段をとりえなかったのは、前述のように、陸軍中央に戦争指導方針をめぐって対立があったからである。石原辞職後も河辺作戦課長や多田参謀次長は戦線の拡大には慎重なスタンスを維持していた。だが、田中軍事課長や下村作戦部長ら幕僚の多くは、中国軍に決定的な打撃を与えるまでは戦線の拡大もやむをえないとの強硬な姿勢であった。

華中では、上海付近を制圧後、中支那方面軍は中国軍の退路を遮断するため追撃を求めたが、参謀本部は河辺ら作戦課主導で、作戦地域を蘇州―嘉興の線以東に制限した。だが、武藤参謀副長ら中支那方面軍首脳は南京への追撃を主張。参謀本部でも下村作戦部長が南京攻略の必要を認めていた。しかし、河辺作戦課長や多田参謀次長は、作戦地域の拡大、南京攻略には反対で、参謀本部内において制限線の撤廃、さらには南京攻略をめぐって激論となった。だが、中支那方面軍の強い要求と、それに呼応する田中軍事課長ら中央幕僚多数の意見によって押し切られ、参謀本部もついに南京攻略を容認した。

こうして、一二月三日から、中支那方面軍の各部隊は南京への進撃を開始した。一三日、日本軍は南京を占領したが、内陸侵攻の事前準備がほとんどなされていなかったため、兵站補給が不十分で、現地での食料・物資の略奪が多発した。また、その過程で、戦闘で抗戦した中国兵のみならず、敗残兵、捕虜、民間人が多数殺害された（南京事件）。

このとき、河辺や多田らが南京攻略に反対したのには背景があった。当時、駐華ドイツ大使トラウトマンを仲介とする、南京政府との和平工作（トラウトマン工作）がおこなわれており、河辺や多田は、首都攻略前の和平成立が望ましいと考えていたからである。

上海での戦闘が困難を極めていたころの一〇月一日、近衛内閣は、首相、外相、陸相、海相による四相会議で、一定の講和条件を定め、戦争の早期解決を図ることを申し合わせた。その条件は、華北・上海における非武装地帯の設定、満州国承認、日中防共協定、華北での鉄道・鉱業その他の日中合弁事業の承認などであった。

これに基づき、広田弘毅外務大臣は諸外国による日中間の和平斡旋を受け入れる旨を明らかにし、ドイツがこれに応じた。ドイツは、一方で、日本と防共協定を結んでいたが、他方、中国に軍事顧問団を派遣し、対中貿易高は米、日についで第三位を占めていた。したがって、日中間の早期和平を望んでいたのである。一一月初旬、広田はドイツ側に、四相会議での申し合わせを基本とする和平条件を示し、トラウトマン駐華大使が直接それを蔣介石に伝えた。

しかし、蔣介石は提示された条件を拒否した。当時、ブリュッセルで九ヵ国条約会議が開催されており、蔣介石は、その結果に期待していたのである。しかし会議では日本への非難決議は採択されたが、対日制裁を回避することとなり、一一月下旬には、無期限休会となった。

このようななかで、一二月初旬、トラウトマンと会談した蔣介石は、領土・主権の保全を前提に、日本側の和平条件を話し合いの基礎として受け入れることを示唆した。日本軍が上海付近の最重要防御戦を突破して南京に迫る、という苦境のなかでの反応だった。

このことは、南京占領直前に日本政府に伝えられたが、南京占領後の一二月二一日、近衛内閣は、和平条件をより厳しいものに変更することを閣議決定した。それは、さきの条件のほか、華北・内蒙古における自治政権の樹立、華中占領地域の非武装地帯化、華北・内蒙古・華中への保証駐兵、賠償金要求などを加えたものだった。これは南京国民政府としては、とうてい容認しえないもので、翌年（一九三八年）一月一三日、日本側にあらためて要求細目の確認を求めた。

この間、参謀本部の河辺作戦課長や多田参謀次長らは、南京が陥落しても蔣介石政権が崩壊することはないと判断していた。彼らは、対ソ戦備への考慮から戦争の長期化を回避すべきだとして、当初の比較的寛大な条件での講和を主張した。だが、近衛内閣や陸軍省は、南京陥落後における蔣介石政権の弱体化を予想し、講和条件の拡大や交渉自体の打ち切りを主張していた。一般には、統帥権の独立を背景に参謀本部が常に強硬派で、これに対し陸軍省は慎重だったとのイメージが強い。だが、このころは、逆に、陸軍省が強硬で、参謀本部はむしろ慎重だったのである。

一二月下旬から翌年（一九三八年）一月中旬にかけて、大本営政府連絡会議で、和戦をめぐって議論が重ねられた。杭州湾上陸後の一一月下旬、近衛首相の提案によって、戦時・事変の統帥機関である大本営が設置され、同時に、大本営と内閣による大本営政府連絡会議が設けられていた。これが国家レベルでの事実上の最高指導機関だった。

その大本営政府連絡会議で、参謀本部の代表者多田参謀次長は、河辺作戦課長らのサポートを受けながら、和平の必要を繰り返し説いた（参謀総長は皇族の閑院宮で、慣行として政策決定には関与していなかった）。だが、杉山陸相のみならず、近衛首相、広田外相らも強硬論で、多田は孤立に近い状態にあった。

ちなみに、当時陸軍省中枢ラインは、杉山陸相、梅津陸軍次官、町尻軍務局長、田中軍事課長で構成されていた。町尻、田中はともに一夕会会員で、石原転出後に軍務局長となった町尻は、実務の中核である田中軍事課長の意見を、基本的に尊重するスタンスをとっていた（なお、町尻は公家系華族で、有能ではあるが比較的穏和なタイプといえた）。したがって、不拡大派であった柴山軍務課長の存在は影が薄く、陸軍省内では対中強硬論の田中軍事課長が強い影響力をもっていた。こうした背景から、杉山陸相は連絡会議で強硬論を主張していた。

日本側が設定した最終回答の期限である一月一五日、大本営政府連絡会議が開かれた。近衛首相、杉山陸相、広田外相ら内閣は、中国側からの一三日の和平条件細目の照会を、事実上の拒否回答だとして、交渉打ち切りを主張した。これに対して多田参謀次長一人が打ち切り反対を固守した。だが、米内海相が近衛らをサポートして内閣総辞職の可能性に言及し、やむなく多田も打ち切りに同意した。

翌一月一六日、近衛首相は、「帝国政府は爾後《じご》国民政府を対手《あいて》とせず」、真に提携するに足る「新興支那政権」の成立発展を期待する、との声明を発表した。トラウトマン工作は打ち切られ、これ以後日本軍は、出口のない長期戦の泥沼に入っていくことになる。そして、四月には、国家総動員法、電力管理法などが制定される（なお、前年一〇月、国家総力戦体制の整備に向けて内閣直属の企画院が創設されていた）。

ちなみに、前年の一二月、華北占領地域に現地軍による傀儡《かいらい》政権として北京「中華民国臨時政府」が設立されていた。そして近衛声明後の三月には、華中占領地域でも南京「中華民国維新政府」が設立される。また、同月、華北・華中の経済開発のための国策会社である「北支那開発」と「中支那振興」が創設された。これら国策会社の原料資材や現地軍兵士のための必要物資は、基本的に現地調達でおこなわれ、しかもその費用は、傀儡政府が無制限に発行する、実質的な裏付けのない紙幣によって支払われた。占領下での事実上の略奪経済となっていったといえよう。

近衛文麿

この近衛声明は、中国のみならず国際社会に対する姿勢においても、軽視しえない意味をもっていた。当時の東アジア国際秩序をなすワシントン体制において、中国の領土保全、門戸開放に関する九ヵ国条約が、重要な位置を占めていた。そして、国際社会の承認を受けている中国の正統な政権として、一九二〇年代末以降、南京国民政府が前提にされていた。その国民政府を、日本は事実上否定し、新たな中央政府成立を求めることを表明したのである。このことは、従来の東アジア国際秩序のあり方とは異なるスタンスに立つことを示唆していた。それが、のちの東亜新秩序声明へとつながっていく。

さて、南京占領後、現地軍は華中北部の要衝である徐州付近の中国軍主力を撃滅するため、徐州作戦を立案した。華北と華中の占領地域をつなげ、徐州付近の中国軍を南北から挟撃して壊滅させることを目的とした。しかし、河辺ら作戦課は戦面不拡大の方針で、徐州作戦を認めず、下村にかわった橋本群作戦部長も作戦課の考えに同調した。現地軍は、武藤章中支那方面軍副参謀長を上京させるなど、執拗に徐州作戦の必要を主張したが、作戦部は同意しなかった。

だが、三月、河辺作戦課長が更迭され、後任には稲田正純《まさずみ》軍事課高級課員が就いた。稲田は、拡大派の田中軍事課長の影響を受けており、作戦課長として徐州作戦を承認した。こうして、不拡大派の核であった河辺の更迭によって、陸軍省・参謀本部ともに、実務の中枢を拡大派が占めることとなった。これによって、田中ら拡大派が、陸軍中央において強い影響力をもつことになる。

四月上旬、大本営は徐州作戦を発動した。このころ武藤は、徐州作戦で中国軍主力を捕捉殲滅《せんめつ》できれば、戦争終結の機会をつかむことができるかもしれないと考えていたようである。

だが、中国側は決戦を回避して退却し、五月中旬、日本軍は徐州を占領するが、中国軍主力に決定的な打撃を与えることはできなかった。

さらに、現地軍および陸軍中央は、華中揚子江中流域の要衝・漢口と、華南の中核交易都市・広州の攻略を実施した。漢口には、一時国民政府の主要機関が置かれており、広州は、国民政府への主要援助ルートである香港ルートの物資輸送拠点であった。両都市の攻略によって中国主要都市の実質的支配が達成され、軍事的に事変を解決することができると考えられていた。一〇月下旬、日本軍は漢口、広州を占領した。だが、すでに内陸奥地の重慶に拠点を移していた蔣介石ら国民政府の抗戦意志は固く、軍事力によって国民政府を屈服させる見通しはほとんどなくなった。

一九三八年（昭和一三年）七月末時点で、日本陸軍は全三四個師団で構成されていたが、満州・朝鮮に九個師団、華北に九個師団、華中に一四個師団が派遣されており、本土には二個師団を残すだけになっていた。しかも大陸に派遣された兵力の多くは、占領地の治安維持のために配置せざるをえなかった。それゆえ、漢口・広州占領以後、広大な残余地域において、積極的な攻撃作戦を主任務とする野戦軍は、漢口付近に拠点を置く第一一軍（七個師団余、兵力約二〇万）のみだった。

したがって、野戦軍が重要な地区を新たに攻略しても、その部隊はいずれ原駐地に戻らなければならなかった。中国軍は、日本軍が進出すれば分散退却し、日本軍が原駐地に帰還すれば、すぐ元の場所に戻ってきた。広大な中国を軍事的に制圧するには、兵力の絶対量が不足していたのである。当時現地軍の要職にあった武藤章も、日本軍の統治は、都市や鉄道、主要道路など「線の支配」にとどまり、「面として」制しているわけではなかった、と回想している。しかも、このころ、精鋭部隊を配置している満州を除き、中国本土に派遣された兵力において、現役兵は一〇パーセント余りにすぎなかった。約九〇パーセントは予備役・後備役兵だったのである。急速な戦線の拡大によって、兵士の質においても脆弱《ぜいじゃく》な面が生じてきていたといえる。

こうして、日本側が当初意図していた日中戦争の早期解決の可能性は、ほとんど失われることとなった。石原が危惧した長期の持久戦となってきたのである。

一九三八年（昭和一三年）一二月初旬、陸軍中央は、新しい戦争指導方針を決定した。当分の間、現占領地の治安維持に主眼を置き、そこでの治安回復と残存抗日勢力の取締りに力を傾注する。新たな占領地の拡大はおこなわず、中国軍の攻撃には反撃を加えるが、不用意な線面の拡大は避ける、との内容であった。

これは、それまでの中国側の抗戦意志を挫折させ、戦争終結の機会をつかむとの作戦目的を変更し、長期持久の観点から占領地統治の安定化に重点を移すものだった。これ以後、この方針が基本的には維持される。

二、近衛内閣の東亜新秩序声明とその反響

このように軍事的手段による日中戦争解決の見通しがつかなくなったなかで、漢口・広東占領後の一一月三日、近衛内閣は「東亜新秩序」声明を発表した。そこでは、第一に、日中戦争の目的は、日本、満州、中国による東亜新秩序の建設にある。第二に、国民政府といえども、従来の反日政策を放棄し、その人的構成を一新するなら、新秩序建設への参加を拒まない、とされている。

この東亜新秩序声明は、国際社会に対する基本的スタンスの変更を示すもので、重要な意味をもっていた。

それまで日中戦争は、中国側の排日行為に対する自衛行動とされてきたが、それが東亜新秩序の建設を目的とするものと新たに位置づけられたのである。この点について有田八郎外相は、東アジアにおいては、事変前に適用された観念や原則をもって現在および将来の事態を律することはできない、との日本政府の立場を表明した。これ以前、政府や外務省は、主権尊重、門戸開放、機会均等などの原則は尊重したうえで、その解釈や適用について見解を異にすると主張してきていた。それが、ここではそれを変更し、原則そのものに問題があるとされたのである。これは、中国の領土保全、門戸開放を定めた九ヵ国条約などを軸とする

ワシントン体制の原則を事実上否定するものであった。そして、東亜新秩序声明は、それにかわる新しい東アジア国際秩序をつくりあげようとする姿勢を示したのである。

その東亜新秩序における日中提携の内容は、一二月二二日の近衛首相談話で示された。そこでは、善隣友好、共同防共、経済提携が基本理念としてかかげられていた。しかし、その具体的内実は、中国の特定地域に日本の駐兵を認めること、華北および内蒙古において日本に資源開発上の便宜を積極的に付与すること、などを中国側に要求するものだった。

この近衛談話は、一一月三〇日の御前会議決定「日支新関係調整方針」に基づいていた。それは次のような内容であった。まず、日中提携のため、華北・内蒙古に日本軍の駐兵を認めること。その駐兵地域の鉄道・航空・通信・主要港湾水路への監督権などは日本側がもつこと。また、華北・内蒙古の資源について日本側に特別の便宜を供与すること。これらが中国側への中心的な要求であった。

そのほか、新中国の政治形態は、現行の国民政府のような中央集権的なものではなく、「分治合作主義」すなわち自治政権の連合体とすること。さらに、その他の地域でも特定の資源については日本に必要な便宜を供与すること。そのうえで、事変中の日本側の損害を賠償することを求めていた。そして、日中提携により、第三国の中国における経済活動や権益が「制限」されることは当然だとしていた。

これらは、華北・内蒙古の資源確保とそのための駐兵を主眼とするもので、また、列国の中国権益や経済活動の制限をも含んでいた。その意味で、従来のワシントン体制における主権尊重、機会均等の原則に、明らかに対抗する内容をもつ政策であった。また、これまでの列国の既得権益尊重の原則を修正するものといえた（このことは、実際に、揚子江の自由航行権の制限、華中占領地での内河航行の日本船独占、翌年六月の天津英仏租界封鎖などにつながっていく）。

このような方針は、稲田ら作戦課の起案によるもので、基本的ラインは本質的な修正を受けることなく、大本営政府連絡会議を経て決められたものであった。

また、「東亜新秩序」声明において、国民政府も、一定の条件を満たせば新秩序建設への参加を拒まないとされた。これは、さきの「国民政府を対手とせず」との声明の修正であった。だが、その条件は、「日支新関係調整方針」に示されたものであり、さらに、蔣介石政権にかわって、国民政府内の有力者による新しい政権を擁立することが含意されていた。それが、国民政府内で長く蔣介石と主導権を争ってきた、汪兆銘《おうちょうめい》への工作（「梅工作」）であった。政治工作によって汪兆銘を首班とする新政権を樹立し、蔣介石政権を衰亡させ、事変を解決に導くことが意図されていた。新政権のもとに北京「臨時政府」や南京「維新政府」などを合流させ、新しい中央政府を育成しようとしたのである。

影佐禎昭軍務課長らの工作により重慶を脱出した汪兆銘は、一二月二九日、近衛首相談話を受けるかたちで中国各方面に和平の通電を発した。しかし、期待に反して和平の同調者は少なく、反蔣介石派の軍隊も動かなかった。こうして、日本側の企図は挫折し、近衛内閣や陸軍中央にとって、軍事的にも政治的にも、日中戦争解決の見通しはまったく立たなくなったのである。

なお、近年、ナショナリズムを超えるものとして、東亜協同体論に注目が集まっている。だが、当時の東亜協同体論は、この「日支新関係調整方針」に基づく近衛「東亜新秩序」論を支持するものであり、この点は見過ごされてはならないことであろう。すなわち、華北・内蒙古への駐兵と資源確保の要求を含むものだったのである。

ちなみに、武藤章は、日中戦争を、本質的には日本の「大陸政策」と中国の「民族運動」との衝突であり、「大和民族と支那民族との民族的抗争」とみていた。それは、日本の大陸政策の目的が、東亜新秩序の実現にあるとされて以後も含めてのことであった。前述したように、陸軍内部では、東亜新秩序を構成する満州国も、五族協和の「高邁な」指導精神にもかかわらず、「客観的本質」においては「大和民族の満蒙支配」だと認識されていた。同様に、日中戦争も日本と中国の「民族的抗争」と捉えられており、ことに後述するように、「日、満、北支、蒙疆」は、「大和民族の自衛的生活圏」と位置づけられていた。したがって、そこでめざされた東亜新秩序も、共存共栄の「道義的理念」にもかかわらず、リアルな自己認識においては、日本ナショナリズムの一形態であったといえよう。

また、このワシントン体制批判としての「東亜新秩序」論は、ヴェルサイユ体制の打破をかかげる、ナチス・ドイツの「ヨーロッパ新秩序」のスローガンにならったものであった。だが、後述するように、そのことは陸軍中央にとっては、必ずしもストレートに次期世界大戦においてドイツと連携することを意味するものではなかった。また同様に、ワシントン体制の原則を否定することは、必ずしも米英などと軍事的に敵対することを意図するものでもなかった。永田、東条、武藤、田中らは、いずれもドイツ駐留経験があり、個人的にはドイツにシンパシーをもっていたといえるが、彼らにとって、それは国策レベルの問題とは別の次元の事柄であった。

こうして、長期の持久戦となった日中戦争は、その後も、有効な打開策が見いだせないまま膠着状態が続いた。

そうした状況のなかで、一九三九年（昭和一四年）九月三〇日、統制派の武藤章が陸軍省実務トップの軍務局長として、陸軍中央に復帰する。同年九月一三日には、すでに参謀本部実務トップの作戦部長に、同じ統制派の富永恭次が就任していた。陸軍省、参謀本部とともに、その実務トップに永田直系の統制派が就いたのである。

それまで、一九三七年（昭和一二年）七月の日中戦争開始以来、陸軍省の中枢実務ポストである軍務局軍事課長には、武藤、富永につながる統制派系の田中新一が就いており、翌々年二月からは、その後任として、田中に近い統制派系の岩畔豪雄《いわくろひでお》が軍事課長を務めていた。

また、軍事課長に次ぐ重要ポストである軍務局軍務課長には、三八年六月、石原系の柴山兼四郎の後任として、統制派の影佐禎昭が就き、翌年三月からは、東条・武藤に近い統制派系の有末精三が軍務課長を継いだ。また、参謀本部の中枢実務ポストである作戦部作戦課長には、石原系の河辺虎四郎の転出（一九三八年三月）後、後任として、田中新一の影響を受けた統制派系の稲田正純が就いていた。

このように、河辺ら石原系が転出後、陸軍省・参謀本部の課長級実務中枢ポストは、一貫して統制派系が占めていた。しかも、陸軍中央の政治グループは、二・二六事件によって宇垣系、皇道派系が排除されており、石原系の解体後は、統制派系のみとなっていたのである。したがって、陸軍中央において、統制派系が強い発言力をもっていた。だが、掌握しているポストは課長級までで、なお、陸軍中央を全体としてコントロールする力は必ずしも十全ではなかった。それゆえ、個々の実務型上級幕僚の発言力も軽視できないものがあった。

しかし、武藤陸軍省軍務局長、冨永参謀本部作戦部長の就任で、統制派系が陸軍中央において圧倒的な影響力をもつこととなったのである。いうまでもなく、武藤軍務局長、冨永作戦部長の就任は、統制派系中央幕僚の働きかけによるものであった。この体制のもと、一九四〇年（昭和一五年）七月には、統制派最年長の東条英機が陸軍大臣となる。

なお、武藤軍務局長、冨永作戦部長就任後は、冨永の後任の田中新一作戦部長を含め、彼らが陸軍中央をリードしていくようになる。その後も、軍事課長には統制派の真田穣一郎、西浦進が就き、軍務課長には、武藤に近い統制派系の河村参郎《さぶろう》、東条に近い統制派系の佐藤賢了《けんりょう》などが就いている。作戦課長も、統制派系の稲田のあと、二人の非統制派系の実務型幕僚を経て、統制派の服部卓四郎、真田穣一郎と続く。このように軍務局長、作戦部長のみならず省部主要三課長ポストも、依然として統制派系幕僚でほぼ占められていた。

ただ、稲田のあとの二人の非統制派系作戦課長岡田重一、土居明夫は、いずれも土佐系で、同時期の沢田茂参謀次長も土佐系だった。沢田の次長就任は、同じ土佐系の山脇正隆陸軍次官が退任直前に推したものと思われ、岡田・土居作戦課長は沢田次長を補佐する意味あいがあったと推測される。しかし彼らが、独自の政策をもった政治グループとして動いた形跡はなく、陸軍中央の実権は統制派系によって掌握されていた。

ところで、しばらく前（武藤の軍務局長就任以前）、近衛首相は、国家総動員法成立後の一九三八年（昭和一三年）の五月から六月にかけて内閣改造をおこなった。陸相に石原系の板垣征四郎が、外相に元陸相の宇垣一成が、文相に皇道派の荒木貞夫などが新たに任命された。これは、陸軍中央の統制派系幕僚を抑えこみ、対中融和的な方向で日中戦争の早期解決を実現することを、主な狙いとしていた。

板垣陸相案に、陸軍中央は反発したが、近衛の要望が強く総辞職となる可能性もあり、結局受け入れた。近衛首相は、その国民的人気と現状打破的なスタンスから、陸軍にとってなお必要な存在であり、かつ比較的御しやすいと考えられていたからである。しかし、陸軍次官に統制派の東条英機が送りこまれ、板垣陸相は統制派系幕僚を抑えこむことはできず、その後の陸軍の内外方針に基本的な変化はみられなかった。なお、当時、陸軍の方針は、陸軍首脳と各課長・高級課員クラスによる「官邸会議」で決められていた。そこでは、田中新一軍事課長、影佐禎昭軍務課長、稲田正純作戦課長ら統制派系幕僚が強い発言力をもっており、それが内外方針の継続に反映していた。

また、宇垣外相も、外務省権限を一部削減する対華中央機関創設案に反対し、就任四ヵ月で辞職した。こうして、この面での内閣改造の意図は実現しなかった。このような経過を経て、東亜新秩序声明となったのである。

では、日中戦争が膠着状態に陥ってきたとき、なぜ陸軍中央は、太平洋戦争時のように根こそぎ的な軍事動員によって戦力を大幅に増強し、重慶攻略など徹底的な対中軍事作戦を強行しなかったのだろうか。当時の動員数は一〇〇万に達していなかったが、太平洋戦争時後半には四〇〇万を超えたのである。

その理由は、彼ら統制派系幕僚にとって、日中戦争が、必ずしも全面的な中国支配そのものを目的としてはいなかったからである。それは、そもそも次期世界大戦に備え、必要な軍需資源や経済権益を確保することを主要な戦略目標としていた。そのような中国の位置づけは、永田の構想以来、統制派系に受け継がれてきたものであった。次期大戦への対処の問題が、常に彼らの念頭に置かれていたのである。たとえば、このころ、稲田作戦課長ら参謀本部は、次期大戦を昭和一七年前後と予想し、日中戦争の処理と大戦に向けての戦争準備が国防の二大任務だ、との認識を示していた。

しかも、ナチス・ドイツは、再軍備宣言、ラインラント進駐以後も、スペイン内戦に軍事介入し、一九三八年三月にはオーストリアを併合する。その後も、チェコスロバキアのズデーテン地方の割譲を要求。動員令を発し抵抗姿勢を固めたチェコと、これを支持する英仏との間で戦争の危機が切迫した。同年九月、この危機は、ミュンヘン会談における英仏の宥和政策でひとまず回避されたが、ヨーロッパでの大戦勃発の可能性が現実のものとなってきていた。

そのようなヨーロッパ情勢から、陸軍中央の統制派系幕僚は、相当な余力を残した状態で日中戦争に対処する必要があったのである。次期世界大戦への対応を考慮し、軍事的弾力性とそれを支える人的物的国力を温存しておくことは、陸軍として必須のことだった。またそのことは、日中戦争にソ連が介入してきた場合の、対ソ戦への備えとしても必要なことと考えられていた。

一方、近衛内閣の東亜新秩序声明（一九三八年一一月三日）に対して、中国国民政府はもちろん、アメリカ・イギリス両政府も強く反発した。一二月二八日、蔣介石は、東亜新秩序は、中国を軍事的に管理し、中国文化を消滅させ、東アジアの経済独占を図ろうとするものだと批判した。アメリカ政府は、一二月三〇日、機会均等の原則を無視する中国の新秩序は承認しがたい旨を日本に通告し、強硬に抗議した。イギリス政府も、翌年一月一四日、力によって中国を従属的地位に置くことは、九ヵ国条約の精神に照らして容認できない旨の対日覚書を発した。また、アメリカ政府は四〇〇〇万ドルの対中借款を決定し、イギリス政府も一〇〇〇万ポンドの中国通貨安定基金を設定。五〇〇万ポンド（二三〇〇万ドル）の政府保証を与えた。その後も、アメリカは日本の北部仏印進駐時の一九四〇年九月、二五〇〇万ドルの借款を中国に供与し、同年一二月、イギリスも一〇〇〇万ポンド（四六〇〇万ドル）の対中借款供与をおこなった。

それまで、アメリカは、ルーズベルト大統領の「隔離演説」など、たびたび中国における日本の行動を非難してきたが、実際には具体的な対日制裁や中国支援は控えていた。むしろ日米和平の実現を望んだ。当時、対日輸出額が対中輸出額の七倍近くを占めていることなどが一つの背景をなしていた。イギリスも、危機的なヨーロッパ情勢への対応に忙殺され、中国では権益維持を図るため日本の行動に妥協的態度をとらざるをえなかった。

だが、東亜新秩序声明を契機に、米英ともに、日本の行動に対抗して、財政的な中国支援に踏み出すこととなったのである。ちなみに、ソ連は、一九三七年八月に中ソ不可侵条約を締結したのち、翌年八月には約一億ドルの借款を中国に与え、各種兵器や軍需物資を供給、軍事顧問団も派遣していた。さらに一九三九年六月には、一億五〇〇〇万ドルの対中援助契約が結ばれる。ソ連は日本軍の矛先が自国に向かわないよう、中国の対日抗戦継続を支援しようとしていた。ただ、後述する日ソ中立条約締結後、ソ連の援助は急速に減少する。

他方、同年（一九三八年）八月、ドイツから、ソ連のみでなく英仏をも対象とする、日独伊三国同盟案が日本に提示された。ドイツは、二月のブロンベルグら国防軍首脳の粛清やノイラート外相の更迭（リッベントロップ外相就任）などによって、従来の親中国政策を軌道修正し、対日提携強化に方針を転換していた。五月には、満州国を承認し、中国への武器・軍需品の輸出を禁止。七月には、軍事顧問団を国民政府から引き揚げた。このような対日接近によって、対ソ戦に備えるとともに、アジアに広大な植民地や勢力圏をもつイギリスを、背後から牽制する役割を日本に期待したのである。それが日本への三国同盟提案の狙いであった。ちなみに、イタリアは、前年に満州国を承認し、日独防共協定に加わるとともに、国際連盟を脱退していた。

陸軍は、ドイツとはソ連のみを対象とした同盟を結び、イタリアとは、イギリスを牽制するための秘密協定にとどめることを考えていた。日中戦争が長びくなかで、ソ連の軍事介入を警戒しており、その牽制のためドイツとの関係の強化は必要だと判断していたからである。

だが、ドイツは、あくまでも英仏ソを対象に含めた軍事同盟を要望した。陸軍は、対ソ牽制のため、同盟そのものが不成立となることを恐れ、結局ドイツ案を受け入れた。しかし、外務省や海軍は英仏を対象とする同盟には強く反対し、翌年（一九三九年）一月、この問題での閣内対立などによって近衛内閣は総辞職した。

後継の平沼騏一郎《ひらぬまきいちろう》内閣も三国同盟問題で紛糾した。四月、リッベントロップ外相は、日本が同盟に躊躇するなら、ドイツはソ連と不可侵条約を結ぶかもしれないと警告。五月には、独伊間で軍事同盟が調印された。ソ連の日中戦争への介入を恐れる陸軍は、対ソ牽制の必要から三国同盟成立に焦燥したが、依然として外務省、海軍の同意が得られず、閣議は紛糾しつづけた。その間、ノモンハン事件が起こり、七月からの戦闘で、関東軍部隊は極東ソ連軍に敗北。陸軍中央では、対ソ戦備の充実と、ドイツによるソ連牽制の強化が、あらためて喫緊の課題とされた。

ところが、同年八月二三日、独ソ不可侵条約が締結され、平沼内閣は、三国同盟交渉の打ち切りを決定して総辞職した。陸軍にとっても三国同盟は無意味なものとなったのである。そして、九月一日、ドイツがポーランドに侵攻。九月三日、イギリス、フランスがドイツに宣戦布告した。こうして第二次世界大戦がはじまることとなる。

このようななかで、九月三〇日、武藤章が陸軍省軍務局長に就任した。中支那方面軍参謀副長から北支那方面軍参謀副長を経ての中央復帰だった。なお、武藤軍務局長は、後述するように、かなり明確な政戦略の全体的な構想をもっていた。だが、同時期の参謀本部を牽引した冨永作戦部長には必ずしも独自の構想はみられず、陸軍中央の基本的な政戦略は、しばらく武藤がリードしていくことになる。

ところで、武藤が軍務局長就任前、北支那方面軍参謀副長時代に手がけた重要な問題に、天津英仏租界封鎖問題がある。天津市は当時華北第一の貿易港で、その英仏租界は、主要な金融・商業機関が集中するなど華北経済の中枢をなしていた。

武藤ら現地軍は、独立した自治行政権をもつ英仏租界が、華北における共産党系遊撃軍や、国民党系ゲリラの根拠地になっているとみていた。また、現地軍による華北の経済的支配に対して英仏租界が大きな阻害要因になっているとも考えていた。

現地軍は、その実質的支配下にある北京臨時政府の管理通貨「連銀券」を唯一の法定通貨とし、華北地域から国民政府の管理通貨「法幣」の駆逐を図った。通貨管理によって華北経済圏を、国民政府から切り離しコントロールしようとしたのである。ちなみに、連銀券は円と、法幣は英ポンドと、それぞれリンクしていた。しかし現地軍の強制力が及ばない英仏租界内では、法幣が依然として法定通貨とされ、連銀券はほとんど浸透しなかった。したがって、租界外でも法幣の駆逐は進行せず、英仏租界を結節点として、華北と華中・華南を結ぶ法幣による交易圏が存続していた。英仏租界が、日本側による華北経済支配を困難にしていたのである。

そこで、武藤ら北支那方面軍首脳部は、一九三九年（昭和一四年）六月、天津英仏租界の封鎖を実施し、華北経済から切り離すとともに、抗日活動を封じこめようとした。武藤は、英仏租界は「独立国的存在」で、抗日活動の根拠地となっているばかりでなく、連銀券の流通を阻害するなど、「北支経済の癌」だと考えていた。

イギリス政府は、緊迫するヨーロッパ情勢に備えるため、日本との紛争は回避すべきとの判断から、外交交渉による解決を望んだ。まず有田外相とクレーギー英駐日大使による日英東京会談がおこなわれ、七月二三日、イギリス側は、中国において日本軍の妨害となる行為を差し控えることを受け入れた。イギリスが日本に大幅に譲歩したのである。中国国民政府は、日本の占領地支配の実質的承認を意味するとして、イギリスに強く抗議した。

ところが、三日後の七月二六日、突如アメリカ政府が日米通商航海条約の破棄を通告してきた。東亜新秩序声明に加え、日本によるイギリスへの譲歩強要を重大な事態と考えた、ルーズベルト大統領らによる警告処置であった。通商条約の破棄通告によって、アメリカは六ヵ月後（条約失効期日）から、いつでも対日経済制裁を実施しうることを示したのである。

このアメリカのバックアップによって、イギリス政府は、つづいておこなわれた東京での現地代表団による日英交渉では、その姿勢を変化させた。租界内での抗日組織の取締りなど治安維持関係では譲歩したが、通貨問題では、法幣の租界内流通禁止をせまる日本側要求を拒否。米・仏との協議の必要を主張して譲らず、八月二〇日、交渉は無期延期となった。

このとき、武藤が現地代表団の首席として交渉に臨んでいた。武藤は、八月一四日、「英国の態度は二面外交を弄し、遅延を策して第三国の介入を企図するもの」との強いイギリス批判の談話を残して北京に引き揚げた。その後も租界封鎖は、翌年六月までつづけられる。

この天津英仏租界封鎖問題は、それ以後の昭和陸軍にとって、二つの重要な意味をもっていた。

第一は、イギリスが、日本による華北の資源確保と市場支配に対する直接の障害として、強く意識されるようになったことである。そのことは、華北のみではなく、華中・華南での占領地支配についてもいえることだった。武藤にとっても同様で、したがって軍務局長就任後も武藤は、イギリスに対する強硬姿勢を一貫して示すことになる。

日本軍の占領地支配は、当然列強諸国の在華権益や機会均等原則との摩擦を引き起こした。だが、そのなかでも、とりわけ中国に大きな既得権益と経済的影響力をもつイギリスの利害と衝突することが、浮き彫りになったのである。

第二は、アメリカ政府とりわけルーズベルト大統領らの、イギリス重視の姿勢が明らかとなったことである。そのイギリス重視姿勢の理由については後述するが、このことは、日本にとって重大な影響をもつ可能性をはらんでいた。

当時、日本は、石油類の七五パーセント、鉄類の四九パーセント、機械類の五四パーセントなど多くの重要物資を、アメリカからの輸入によっていた。これらは、当然日中戦争遂行のためにも使用されていた。そのような戦略的重要物資の供給途絶の可能性が、日米通商条約の破棄通告によって、アメリカ政府の意志として現実に突きつけられたのである。しかも、それが直接の日米関係における軋轢《あつれき》からではなく、日英関係の悪化から示されたことは、今後の日米関係にとって示唆するところが大きかった。

第七章

欧州大戦と日独伊三国同盟

——武藤章陸軍省軍務局長の登場

三国同盟調印（写真：読売新聞社）

一、総合国策案の策定と大東亜新秩序建設

一九三九年（昭和一四年）九月三〇日に陸軍省軍務局長となった武藤章は、ヨーロッパでの大戦勃発に対しては不介入の態度をとった。すでに、開戦直後の同年九月四日、阿部信行内閣は、欧州大戦不介入の声明を発表していた。当時の陸軍中央も、日中戦争の局地的解決（日中二国間）を基本とし、欧州大戦には「中立的態度」を維持する方針だった。ちなみに、武藤軍務局長就任直後の軍務局中枢メンバーは、岩畔豪雄軍事課長、西浦進軍事課高級課員、有末精三軍務課長、永井八津次軍務課高級課員などで、冨永参謀本部作戦部長を含め、陸軍中央の実権は統制派系が掌握していた（永井は西浦と同様、永田直系の統制派）。なお、有末はまもなく転出し、後任の軍務課長には、武藤に近い統制派系の河村参郎が就く。

武藤軍務局長は、そのような欧州戦争不介入のうえで、国内体制の整備すなわち「国防国家体制」の確立と、日中戦争の早期解決を、当面の課題と考えていた。

武藤のいう国防国家とは、「国家総力戦」に向けた体制を「平時」から整備し、物心両面での挙国一致態勢にある国家を意味した。いいかえれば、政治・経済・文化など国家の総力を、戦争目的に合致するよう組織・統制し、「有事」のさいにただちに「総合国力」を発揮

しうる国家であった。したがって国防国家体制の確立とは、このような国家システムの建設を具体的内容としていた。これは、前にふれた、永田らの陸軍パンフレット『国防の本義と其強化の提唱』での考え方を継承したものといえ、平時における国家総動員態勢の整備を主張するものであった。

武藤によれば、欧州大戦の勃発によって、世界は今や「戦国時代」となり、「弱肉強食の修羅場」と化している。列強諸国は、いずれも競って国防国家の体制をつくりつつある。このような「世界的趨勢」において、日本のみ局外に立ち、「安閑」としていることは不可能である。したがって、一刻も早く国防国家体制の建設に向け「邁進」しなければならない。すなわち、欧州大戦勃発後の世界情勢の展開に対処するため、早急に国防国家体制の確立が必要だというのである。ここで注意をひくのは、武藤が日中戦争期を、戦時というよりは平時とみていることである。当時の武藤にとって、国防国家体制の確立によって備えるべき戦時（「有事」）とは、欧米列強との本格的戦争突入の事態を意味していた。

武藤　章

武藤は、欧州大戦には当面不介入の姿勢をとっていたが、それは、前述した石原莞爾のような絶対不介入ではなかった。現在のところ戦争はヨーロッパ近辺にとどまっているが、いずれ世界大戦となり、日本も去就を決めなくてはならなくなるとみていた。そのような事態の展開に対して、日本が行動の自由を確保しておくためには、国防国家体制の整備のみならず、日中戦争を早急に解決することが必須の要請だった。

当時、日中戦争によって中国大陸に約八五万の兵力が張り付けられており、そのままでは、欧米列強との本格的な戦争遂行を困難にすると考えられたからである。したがって、中国に展開している兵力を削減、収容することによって、戦力展開の伸縮性、弾力性を回復させ、いわゆる国防弾発力を確保しておく必要性があるとされた。そのためには日中戦争を早期に、かつ軍需資源の開発と日本軍の駐留を、ある程度確保できるかたちで解決することが、喫緊の課題だった。

そこで武藤らは、第一に、重慶国民政府との直接交渉による日中和平を追求しようとした。武藤は日中戦争当初、軍事力によって国民政府を屈服させうると考えていた。だが、華中、華北と転戦し、北支那方面軍参謀副長時には、中国側の強い民族意識と抗日姿勢から、軍事的解決の可能性に疑問を感じるようになっていた。そして、欧州大戦のはじまりによって、和平による早期解決を望むようになったのである。だが、さきの汪兆銘工作（「梅工作」）は、汪の重慶脱出には至ったが、同調者が期待に反して少なく、事実上失敗に帰していた。したがって、汪兆銘を首班とする新中央政府は基盤が脆弱であり、蔣介石ら重慶政府との直接交渉が必要だと考えられた。それがいわゆる「桐工作」であった。

第二に、武藤らは、桐工作の成否にかかわらず、自主的撤兵によって中国駐留軍の削減を図ろうとした。それによって、大戦に対応しうる兵力展開の弾力性を確保するとともに、軍装備の機械化など軍備充実経費を捻出しようとしたのである。軍装備の問題性は、ことにノモンハン事件でのソ連との軍事衝突で露呈し、陸軍中央に危機感を抱かせていた。

一般向けの歴史書などでは、日中戦争の解決が困難となり、その状況を打破するため、陸軍は南方進出、対米戦へと進んでいったとの見方が一部にある。だが、武藤らの根本的な問題意識は、そもそも次期大戦にどのように対応するかにあり、日中戦争の早期解決も、そのためのものであった。前にも述べたように、彼らにとって、日中戦争それ自体が目的ではなく、それは次期大戦に備え、主に中国の軍需資源を確保しようとするものだったのである。

確かに当面の課題として、日中戦争の解決は重要視されており、南方進出も、援蔣ルート（仏印ルート、ビルマ・ルート）遮断を一つの目的としていた。だが、それだけが南方進出の狙いではなく、後述するように、それを「看板」として、次期大戦をにらんだ国防国家体制の確立のため、東南アジア全体を含めた自給自足的経済圏の形成を図ろうとしたのである。

なお、武藤は軍務局長就任後しばらくして、畑俊六陸相に依頼され、町田忠治《ちゅうじ》民政党総裁に直接入閣を要請するが、簡単に断られ面目を失するかたちとなった。だが、まもなく阿部内閣は総辞職し、かわって海軍出身の米内光政が組閣する。

さて、国防国家建設の課題について、武藤は、まずその基本プランとなる総合国策案の策定にとりかかった。一九四〇年（昭和一五年）はじめ、軍務局長として、岩畔軍事課長、河村軍務課長にその起案を命じ、岩畔らは、企画院の秋永月三《つきぞう》（陸軍大佐）や国策研究会常任理事の矢次一夫（陸軍省嘱託）などと協力し原案を作成した。このとき、各省の革新官僚も内密に動員された。

当時武藤は、陸軍には、その強い政治的発言力にもかかわらず、国策をリードする「確たる政策」がないと考えていた。武藤の腹心だった石井秋穂《あきほ》軍務課内政班長も、「日本政治の中心は……［すでに］陸軍にある。しかし陸軍には具体的政策がない」とみていた。武藤らは、この総合国策案をもって陸軍の基本政策とすることを企図していた。

六月中旬、武藤らは、その原案をもとに軍務局参考案として「綜合国策十年計画」をまとめた。その内容は多岐にわたるが、主なポイントは以下の通りである。

一、最高国策として、日本・満州・中国の結合をもとに、「大東亜を包容する協同経済圏」を建設し、国力の充実発展を期す。その基調は、「東亜新秩序」におき、「日満支」結合の強化を図る。ことに、「日、満、北支、蒙疆」は、「大和民族の自衛的生活圏」として建設する。

二、この国策の遂行のために、必要な陸海軍の軍備を充実する。

三、欧州戦争には不介入方針を維持する。

四、中国に対しては、親日政権の育成発展を図り、日中経済提携により「日満支」経済総合計画をもとに重要産業を開発する。

五、内政においては、新事態に即応する「強固なる政治指導力」を確立し、「全国的国民総動員組織」をつくりあげる。それとともに既存政党の発展的解消を図る。また、生産力拡充のため、現存経済機構を計画経済に適応させ、国家統制を強化する。

その他、対中政策以外の外交方針にも言及しているが、それについてはのちにふれる。ここで注意をひくのは、第一に、日本・満州・華北・内蒙古が、「大和民族」にとっての「自衛的生活圏」とされていることである。それを軸に、日満中による「東亜新秩序」と、「大東亜を包容する協同経済圏」からなる三重構造の地域圏形成が想定されている。華北・内蒙古が、日本のための自衛的生活圏として位置づけられているが、これは、東亜新秩序声明後の近衛談話での、華北・内蒙古への駐兵と資源確保の要求を継承したものだった。この点は、その後の華北・内蒙古への強い執着の伏線となっていく。

また、東アジアのみならず東南アジアなどを含む地域が、資源の自給自足などの観点から「協同経済圏」とされ、南方資源獲得への視角が示されている。東南アジアから獲得すべき必要資源は、石油、生ゴム、錫、ニッケル、燐、ボーキサイト（アルミニウムの原料）などであった。この「協同経済圏」の建設は、輸出入の多くを米英ブロックが占める、現状の対米英依存経済からの脱却のためのものでもあった。南方への視点は、永田らの『国防の本義と其強化の提唱』では明示されていない論点で、むしろさきにふれた石原の「国防国策大綱」に含まれていたものだった。この「協同経済圏」論は、ヨーロッパでの戦況の展開にともない、「大東亜生存圏」の設定、南方武力行使の問題へとつながっていく。

ただ、南方資源への着目そのものは、広田内閣時や阿部内閣時にすでに現れていた。だが、このように、東南アジア全域を含む地域が、包括的に自給自足的な経済圏とされ、かつその建設が最高国策として位置づけられたのは初めてのことであった。

第二に注意をひくのは、国策遂行のため、「強固なる政治指導力」を確立し、「全国的国民総動員組織」を創出すべきとの考えが、明確に打ち出されていることである。これは近衛元首相周辺の新党結成の動きと連動し、いわゆる近衛新体制運動の積極的推進というかたちで具体化していく。親軍的な政党による一党独裁の方向が志向され、近衛新党の政治的指導力によって、「一国一党」のもとでの新体制を実現しようとする動きとなっていくのである。

このような観点も永田には明確なかたちではみられないもので、ナチスやソ連共産党の一党独裁制が念頭に置かれていたと推測される。したがって、ある意味で石原の「一党独裁」論を受け継ぐものでもあった。武藤は、自他ともに認める永田の後継者であったが、激しく対立した石原からも、東南アジアへの視角や一党独裁論など、軽視しえない影響を受けていたといえるかもしれない。

なお、ナチスの一党独裁は一般にも知られていたが、ソ連共産党についても、武藤は、庄《しょう》司健吉《じけんきち》（陸軍主計将校）などのルートで情報を得ていた。庄司は、生前の永田軍務局長から二年間のソ連駐在の命を受け、帰朝後は企画院調査官、軍務局御用係となり、武藤と近い矢次一夫らの「国策研究会」にも協力していた。

庄司は、ソ連の国家体制および共産党について、次のように指摘している。ソ連の国家体制は、全経済機構を「国家意志」のままに動かすことのできる仕組みになっている。それは、経済的非能率などの欠陥もあるが、「国力」を最も有効に「国家の政策目的」に即応して運用しうる機構である。そこにおいて共産党は、「独裁」的な「国家支配者」として君臨しており、あらゆる「物的権力」をも掌握している、と。このような認識は、庄司とつながりをもっていた武藤も当然共有していたと思われる。

さて、近衛新党結成の動きは、一九四〇年（昭和一五年）三月ごろからはじまり、五月下旬には、近衛文麿、木戸幸一、有馬頼寧《よりやす》が会合し、「新党樹立に関する覚書」を作成した。そこでは、近衛首班の想定のもと、既成政党の解党を前提として新党を結成し、閣僚は新党より任命することなどが申し合わされた。なお、五月一〇日には、ドイツの西方攻撃が開始され、オランダ、ベルギー、さらにフランスへと侵攻していた。

六月上旬、武藤軍務局長は、近衛の出馬と新党の結成には軍を挙げて賛成し、陰ながら支援する旨を述べている。これは、「綜合国策十年計画」における、「強固なる政治指導力」として近衛新党を想定していることを意味した。そして、第二次近衛内閣成立後の八月下旬に発足した新体制準備委員会にも、常任幹事として参画する。武藤にとっては、強固な政治指導力としての親軍的新党結成のためであった。

その間、新党は天皇の統治権を制約する幕府的存在だとの批判に、近衛が動揺し新党結成に消極的となる。しかし、武藤は、あくまでも「強力なる政治的実践体の結集」を主張し、「一国一党」すなわち一党独裁による新体制の建設を推進しようとした。「強力な政治力をもつ組織」としての「党」を創設し、その「強力な指導」によって、国家総力戦に向けての新しい政治体制をつくりあげようとしたのである。なお、「綜合国策十年計画」には、国民的総動員組織創出のため、既存政党の発展的解消を図ることも記されていた。

だが、近衛とその周辺は、幕府的存在となるとの批判を恐れて、結局新党を断念。九月下旬、近衛内閣は、行政を補完する精神運動組織として大政翼賛会の設置を閣議決定。一〇月中旬、大政翼賛会が発足した。

当初新党結成をめざした新体制運動は、政治的指導力をもたない単なる精神運動組織としての大政翼賛会を生み出して終息した。武藤らが望んだ、親軍的な「強固なる政治指導力」の創出は、ついに実現しなかった。

近衛は、ナチス・ドイツによるヨーロッパ新秩序にならって、東亜新秩序の実現を望み、一党独裁的な新党を創設して、その政治指導者たろうとした。その新党は、陸軍をリードしうるものとして考えられていたが、独自の政治基盤をもたない近衛にとって、陸軍の協力が不可欠であった。したがって、陸軍は「自分をロボットに使おうと思っている」としながらも、陸軍の力を背景にせざるをえなかった。だが、一国一党的新党は幕府的だとの批判を受け、近衛自身が腰砕けとなり新党構想を放棄したのである。

武藤ら陸軍中央は、親軍的新党による一党独裁によって、陸軍の望む国策を実現させようとしていた。そして、その党首の適任者は近衛以外に考えられなかった。高い国民的人気と現状打破的なスタンスをもち、陸軍にとって比較的御しやすい存在とみられていたからである。したがって、幕府的との批判を受け動揺する近衛らに、武藤は、国民組織の「中核実践体」として「政治力の結集」を図りうる強力な新党の創設を、執拗に働きかけた。しかし、結局近衛の変心によって、九月下旬には、武藤らの親軍的新党構想の実現可能性も消失したのである。

だが、武藤らの「綜合国策十年計画」そのものは、第二次近衛内閣の組閣直後（一九四〇年七月二六日）に閣議決定された「基本国策要綱」に反映される。

この「基本国策要綱」の主な内容は次のようなものであった。

一、「日満支」の結合を根幹とする「大東亜の新秩序」を建設する。

二、内外の新情勢に鑑み、「国家総力発揮の国防国家体制」を基底とし、必要な軍備を充実する。

三、内政においては、「強力なる新政治体制」を確立し、国政の総合的統一を図る。

四、日本を中心に「日満支」三国の自主的建設を基調に、国防経済の根基を確立する。
これらは、第二次近衛内閣の組閣直前、武藤から近衛に直接手渡された「綜合国策基本要綱」を踏襲したものだった。この「綜合国策基本要綱」は、米内内閣末期の七月上旬から中旬にかけて、新内閣のための政綱として、武藤らによって「綜合国策十年計画」をもとに作成されていた。

ただ、「綜合国策十年計画」と「綜合国策基本要綱」との間には、一つの変化があった。前者での欧州戦争不介入方針が、後者では、「再検討」の要ありとされ、日本の「国是遂行に同調する国家とは提携す」とされていた。ただ、この部分は、閣議決定「基本国策要綱」には含まれていない。この変更は重要な意味をもつが、外交方針とかかわるので、あらためて検討する。前者にあった、「日・満・北支・蒙疆」を「大和民族の自衛的生活圏」と位置づける表現は、後者では除かれているが、これは文書の性格によるものであろう。前者は、一種の内部文書であるが、後者は、近衛内閣の公的な政綱となることを意図したものであったからと考えられる。なお、前者での、「大東亜を包容する協同経済圏」との表現が、後者では、「大東亜の新秩序」となっている。

次に、武藤らが、国防国家建設とならんで当面の課題としていた、日中戦争の早期解決については、重慶政府との直接交渉による日中和平をめざす工作（桐工作）が進められた。だが、蔣介石ら重慶国民政府の継戦意志は固く、結局桐工作も失敗に終わった。一九四〇年三月、汪政権が南京に樹立され、一一月、日本政府（近衛内閣）もこれを正統な中国政府として承認し、日華基本条約を締結した。しかしその実効支配地域は、ほとんど日本軍の占領地域にとどまり、まったくの傀儡政権であった。その後も、汪政権と重慶政権の合体と、それによる日中和平がさまざまなルートで画策されるが、すべて実現しなかった。

また、中国駐留軍の削減問題については、武藤ら陸軍中央は、当初在華兵力を八五万から五〇万に段階的に減らしていこうと考えていた。だが、現地軍は、揚子江上流の宜昌《ぎしょう》攻略作戦などを計画しており、むしろ兵力増派を求めた。陸軍中央にとっても、重慶への物資補給の要衝である宜昌占領は、進展中の重慶との和平工作（桐工作）に、側面から圧力をかける意味があると判断していた。したがって、一九四〇年（昭和一五年）五月、宜昌占領には兵力の増強が必要だとする現地軍の要請を認め、いったん二個師団を増派し、そのうえで年内に約一〇万の在華兵力を削減することが決定された。その後、宜昌占領が実施されたが、桐工作はほとんど進捗せず結局打ち切られた。また、ドイツの西方攻撃開始によるヨーロッパ情勢の激変とともに、陸軍中央の関心は南方武力行使問題に向けられることになる。

さて、武藤ら陸軍中央の対外政策はどのようなものであったのだろうか。対中政策については既に記したが、欧米列強に対する政策についても、「綜合国策十年計画」においてふれられている。

まず、ソ連については、対ソ戦備の充実が必須とされ、十分な戦備完了までは国交調整を図り、「平和的状態の維持」に努めるとしている。将来はともかく、当面は対ソ関係の安定化を図ろうとしていたといえる。

アメリカについては、現在以上に関係が悪化するのを防止するとしつつ、経済力の拡充により「対米依存経済より脱却する」方針を示している。このことは「大東亜を包容する協同経済圏」の形成による自給自足体制の確立と、表裏の関係にあった。

イギリスについては、「英国および英系勢力を極東より駆逐する」との明確な姿勢を打ち出している。ただ、その実行には適切な情勢判断を要するとし、また、対英政策は対米政策と「微妙な関連性」を有し、英米の関係に注意を払う必要がある、と指摘している。イギリスの勢力を東アジアから駆逐するという強硬な方針を、はっきりと明示している点が注意をひく。これは、イギリスが中国において最大の権益を有していたからだけではなく、蔣介石らの国民政府の支援者と考えられていたからであった。

武藤らは、イギリスによる支援が、中国側の抗日姿勢を支える有力な要因になっていると判断していた。また、天津英仏租界封鎖にみられるように、華北経済はじめ中国経済の日本によるコントロールを、イギリスが阻害してきていると考えられていた。したがって、イギリス勢力を中国全土から駆逐することが、この時点での武藤らの重要な課題の一つであった。

さらに、天津英仏租界封鎖問題でアメリカが日米通商航海条約破棄に踏み切ったことなどから、対英関係が対米関係に連動することを武藤らが警戒していたことがわかる。

ドイツ、イタリアについては、欧州情勢の推移を「達観」しつつ、「従来の友好関係を持続」するとして簡単にふれるにとどめている。前述したように、防共協定は、ソ連の日中戦争介入を背後から牽制することを主要な狙いとしており、必ずしも次期大戦において独伊と連携することを念頭に置いてのものではなかった。

なお、「綜合国策十年計画」における「協同経済圏」の範囲は、東アジアや東南アジアのみならず、東部シベリアやオーストラリア、インドを含むものと明記されている。それらのうち東アジア以外の地域は、「日満支」経済提携における不足資源の「補給圏」として位置づけられていた。この「協同経済圏」の範囲は、のちの「大東亜生存圏」「大東亜新秩序」「大東亜共栄圏」にも受け継がれていく。

二、南方武力行使論と独英戦の行方

この「綜合国策十年計画」は、六月中旬までにまとめられたが、かなり長文のもので、作成に四、五ヵ月を要していた。したがって、五月一〇日のドイツ軍西方攻撃開始後、五月二七日からのイギリス軍ダンケルク撤退、六月一四日のパリ陥落などの欧州情勢を、必ずしも反映したものとはなっていなかった。さらに六月二二日には、ついにフランスがドイツに降伏する。

このような国際情勢の激変を受けて、武藤ら陸軍中央は、七月三日、新たに「世界情勢の推移に伴う時局処理要綱」を決定した。この文書は、当時の陸軍中央の包括的な戦略方針を示すものとして重要な意味をもつ。

そこでは、まず、国際情勢の変化に対応して、日中戦争を解決するとともに、「好機」を捕捉し「対南方問題の解決」に努める、との方針が示されている。そのさい、「対南方武力行使」については、対象を極力「英国のみ」に限定し、香港および英領マレー半島などを攻略するとしていた。また、対米戦は努めて「避ける」よう施策するとされた。

ここで注目すべきは、英領マレー半島などを主要ターゲットとした南方武力行使が明確に打ち出され、しかも、いわゆる英米可分の見地に立っていることである。すなわち、イギリスのみに攻撃を限定し、アメリカからの軍事介入を避けることが、状況によっては可能だと考えられていた。

そして、その武力行使の「好機」とは、ドイツ軍のイギリス本土攻略すなわちイギリスの敗北が想定されていた。したがって南方武力行使は、そのような国際状況の好機を捉えて、国策としての自給自足的「協同経済圏」「大東亜新秩序」形成に積極的に乗り出そうとするものだった。英領植民地への武力行使はその一歩と位置づけられていた。それゆえ、自衛的な意味あいからというよりは、国策遂行（「協同経済圏」「大東亜新秩序」建設）のための攻勢的な武力行使と位置づけられていたといえよう。

ただ、英米可分といっても、武藤らは、天津英仏租界封鎖問題でアメリカが日米通商航海条約の破棄を通告してきたように、英米が連動する可能性も念頭に置いていた。したがって、事態の進展によっては対米戦もありうるとして、そのための「準備」の必要性も指摘している。

だが、武藤ら陸軍中央は、英米の密接な関係を十分承知していながら、この時点で、なぜ、イギリスのみに攻撃を限定することが可能と考えたのだろうか。なぜ、英米可分と判断したのだろうか。

それは、ドイツ軍の英本土上陸によってイギリスが崩壊すれば、アメリカ政府は、戦争準備態勢の未整備と孤立主義的な国内世論のなかで、南方への軍事介入のチャンスを失う。また、英本国が崩壊すれば、その植民地のために、日本との戦争を賭してまでアメリカが軍事介入する可能性は少ない。そう考えられていたからである。

なお、蘭印（オランダ領東インド諸島、現インドネシア）についても、外交的措置により石油などの重要資源の獲得に努めるとしていた。だが、それが困難な場合を想定し、状況によっては武力を行使することもありうるとも記されている。

蘭印の本国オランダはすでにドイツ軍に占領されていたが、オランダ政府自体は、イギリスに亡命するかたちで存続していた。したがって、蘭印当局が、イギリスと連携して日本への資源提供に難色を示す可能性もあったからである。武力行使の対象は、極力イギリス領に限定するとしながらも、石油資源などの確保のため、蘭印の対応によっては武力行使の可能性も視野に入れていたといえよう。

ただ、武力攻撃をおこなえば、蘭印当局が日本にとって最も重要な石油施設を徹底的に破壊する可能性があった。その場合、石油生産の完全な回復には、二、三年を要すと推定されており、それを避けるためにも外交交渉を優先させようとしたのである（ただし、太平洋開戦時は、空挺部隊による奇襲攻撃により、パレンバンなどの蘭印石油施設を大きな損傷なく確保した）。

さらに、仏印（フランス領インドシナ）についても、援蔣行為を遮断するとともに、日本軍の補給、部隊通過、飛行場使用を認めさせるとしている。また、そのための武力行使も示唆している。蔣介石政権への援助物資補給ルートの封止と、英領シンガポール・蘭印攻撃をにらんでのことであった。援蔣ルートの問題は、米英などによる援蔣行為を遮断することによって、「重慶政府の屈服」を実現するための一手段として考えられていた。だが、仏印の位置づけは、援蔣遮断のみならず、シンガポール・蘭印などへの攻撃基地としてのものだったのである。また、この南方問題解決のためには、「独伊との政治的結束」を強化し、「対ソ国交の飛躍的調整」を図るとされている。これは、担当者や付属文書の説明によれば、具体的には、南方武力行使にさいして、独伊との軍事同盟や、ソ連との不可侵条約締結などが想定されていた。

六月中旬の「綜合国策十年計画」では、独伊との関係について、従来の友好関係を維持するとしていたものが、ここでは、軍事同盟にまで踏みこもうとしているのである。これは、前述の「綜合国策基本要綱」において、「国是遂行に同調する国家とは提携す」とされていたことの具体的内容でもあった。また、さきにはふれなかったが、「綜合国策十年計画」では、ソ連との関係についても、不可侵条約論などは抑制するとしていた。だが、ここでは、条約締結の可能性も念頭に置かれるようになっている。

つまり、武藤らは、六月中旬の時点では、欧州戦争不介入方針を前提に、欧州情勢に距離を置き、いわば一種のフリーハンドを維持しようとしていたといえる。それが、ここでは、はっきりと独伊にコミットし、対ソ関係の積極的安定化を図ろうとしているのである。明らかに英領植民地・蘭印攻撃を念頭に置いた南進のための布石だった。

大英帝国の崩壊を好機に、南方の英領植民地さらには蘭印を一挙に包摂し、自給自足的「協同経済圏」建設に踏み出そうとした。そのために、イギリス本土を攻略するドイツと密接な関係を結び相互了解をえるとともに、北方対ソ関係の安定を確保しようとしていたのである。

この陸軍中央の「世界情勢の推移に伴う時局処理要綱」は、海軍側との協議のうえ、基本的な内容についてはほぼそのまま陸海軍案となり、第二次近衛内閣成立後の七月二七日、大本営政府連絡会議で採択された。海軍側からの修正は、南方武力行使の具体的な対象地域名の記載を避けるなど部分的なものにとどまった。

その陸海軍案作成直後の七月二二日、陸海軍首脳による懇談がおこなわれ、案の内容について意見交流がなされている。そこで武藤軍務局長は、「独伊から軍事同盟を申し入れたときは受諾するを要す」と発言した。だが、海軍から異論がだされ、政治的同盟にとどめ、軍事同盟は考慮する程度のものとされた。また、武藤は「対英はすなわち対米なり」として、陸軍としても、対英処理にさいし対米関係を慎重に考慮する姿勢を示している。

なお、このとき、仏印に対する武力行使は、「支那事変処理を看板にする」との了解がなされた。すなわち、日中戦争の解決を、仏印進駐の名目にしようというのである。一部に仏印進駐は、あくまでも日中戦争解決のため、すなわち援蔣ルート遮断のためだったとの見方がある。だが、それはいわば「看板」であって、実際には、さきにふれたように、英領マレーや蘭印など南方への勢力展開すなわち「協同経済圏」建設、「大東亜新秩序」建設のためでもあったといえよう。

武藤は、このころの論考で次のように述べている。

世界は今や歴史的な「一大転換期」にあり、「現状維持国」と「現状打破国」の相克は、新たな政治・経済・文化体制を生みだそうとしている。このようななかで、日本の国是は、「日満支を枢軸とする大東亜生存圏」の建設にある。これは、外国の圧迫によって「奴隷的境遇」に呻吟《しんぎん》してきた「東亜民族全体を解放」し、日本を盟主として、「大東亜の自力更生」を実現しようとするものである。この使命を達成するためには、「国防国家体制」を確立しなければならない。欧州戦争でのドイツの快進撃の根本原因は、早くから国防国家体制をつくりあげてきたからである。その国防国家体制の構築において何よりも重要なのは、「自給自足経済体制」の形成である。それには、中国のみならず、「南方」にも関心を示さなければならない。日本は今、「大東亜生存圏」の確立に向かって、その圏域全体を「白人帝国主義の侵略より救済」しようとする「聖戦」を遂行している。また、ドイツは、次々に欧州の強国を征服し、まさに大英帝国を一挙に葬ろうとしている。このように、現状維持国と現状打破国の相克は、東西相関連して火花を散らす状況にある、と。

ここで、「協同経済圏」は、「大東亜生存圏」と言い換えられているが、これはのちに「大東亜共栄圏」となっていく。また、自給自足経済の建設に向けて、南方への関心の必要性を強調しており、それが国防国家体制の確立に必須のものと位置づけられている。さらに、日本が独伊とともに現状打破国とされ、米英など現状維持国と、東西において対立する状態になっているとの見方を示している。

なお、武藤は、「大東亜生存圏」に包摂されるべき諸民族を、「白人帝国主義」下の奴隷的境遇から解放することが、日本の使命だとしている。これは当時一般にも流布していく言説であり、戦後も太平洋戦争の歴史的性格に関連して言及される一面である。だが、当時の軍務局の内部資料では、日本の国力で、中国四億に加え、南方一億が必要とする製品を供給できるか疑問視されている。ことに南方占領地では軍需資源取得など一方的な「搾取的経済情勢」が生じること、すなわち資源略奪となることが指摘されている。つまり、南方からの資源輸入の対価となる工業製品を生産し輸出するだけの国力が不足しているため、一方的な略奪経済とならざるをえないというのである。それが軍内部でのリアルな認識であり、武藤もそのことは十分承知していた。

陸軍中央は、かつて対満蒙政策について、五族協和など「崇高なる目的」や「高邁なる指導精神」にもかかわらず、その「客観的本質」は、「大和民族の満蒙支配」だとの認識をもっていた。また、近衛内閣による東亜新秩序声明時、日中の共存共栄による新秩序形成の理念をかかげる一方で、華北・内蒙古を「大和民族の自衛的生活圏」として位置づけ、駐兵と資源確保の要求方針を公式に決定していた。ここでもまた同様に、アジアの諸民族を白人帝国主義下の奴隷的境遇から解放するとしながら、それが実質的には資源略奪となることを明確に認識していたのである。これらの点は、陸軍自身の理念と本質(実質)の自己認識として、興味深くかつ軽視できないところであろう。

なお、その後、昭和一八年(一九四三年)五月、日本政府(東条英機内閣)は、旧英領マレー・シンガポール、旧オランダ領東インド諸島(インドネシア)を、重要資源の供給地として、日本の領土とすることを極秘に決定している。このことは、同年一一月に開催された大東亜会議でも公表されなかった。大東亜共栄圏の理念に反することだったからである。

　ところで、「世界情勢の推移に伴う時局処理要綱」陸海軍案の付属文書には、南方問題解決のための準備は、一九四〇年八月末ごろを目標とするとある。これは、ドイツの英本土攻略をこのころに想定していたからとみられる。実際、六月下旬のフランス降伏前後から仏空軍基地を使用できるようになったドイツは、七月中旬から本格的に対英航空攻撃を開始。イギリス本土上空で独英空軍が全力で激突し、大規模な航空戦がおこなわれるのである（この独英航空戦は、映画『バトル・オブ・ブリテン』［邦題『空軍大戦略』］でよく知られている）。ただ、その後、ドイツは制空権を掌握できず、九月一七日、英本土上陸作戦の延期を決定。一〇月一二日、ヒトラーは、正式にイギリス侵攻（「アシカ作戦」）を来春まで延期する命令を下した。一般には、陸軍は米英可分の見方が強かったが、海軍は一貫して米英不可分の考え方であった、とする理解がある。しかし、少なくとも、「世界情勢の推移に伴う時局処理要綱」陸海軍案が合意され、大本営政府連絡会議で採択された七月下旬ごろには、陸海軍ともに米英可分と判断していたのである。

　だが、ドイツの英本土上陸作戦が延期されて以降、海軍は英米不可分の立場を明確に打ち出すこととなる。ドイツの英本土攻略が遠のき、独英間の戦争が長期戦の様相を呈してくると、対英戦へのアメリカの軍事介入は不可避として、英米絶対不可分論となった。海軍にとって、英米可分は、あくまでもドイツが短期戦によってイギリス本土侵攻に成功した場合を想定してのことだった。独英戦の長期化にともなって、従来からの英米関係とアメリカの世界戦略からして、対英戦は不可避的に対米戦になるとの判断となったのである。

これに対して武藤ら陸軍中央は、ドイツの上陸作戦延期後も、英米可分の見方を維持していた。再度の上陸作戦発動がありうると考えていたからである。

なお、陸軍の「世界情勢の推移に伴う時局処理要綱」起案時の米内内閣は、独伊との軍事同盟に消極的で、陸軍の希望する国内体制の整備も思うように進捗しなかった。そこで武藤ら陸軍中央は、近衛新党の動きと連動するかたちで畑陸相を辞任させ、後任の推薦を拒否して米内内閣を総辞職に追いこんだ。そして、七月二二日、第二次近衛文麿内閣が成立した。

一方、ドイツの上陸作戦延期決定後の九月二七日、日独伊三国同盟が締結された。これによって日本政府（近衛内閣）は、独伊側に立って欧州戦争に本格的にコミットする姿勢を明確にした。

この三国同盟締結は、必ずしも陸軍がリードしたものではなく、近衛首相の支持のもと松岡洋右外相主導でおこなわれたものだった。だが、武藤ら陸軍中央も、それを容認していた。彼らは、さきにふれたように、南方武力行使のさいには独伊との軍事同盟が必要と判断していた。他方、松岡は日独伊三国同盟にソ連を加え、アメリカの参戦を阻止しようと考えていた。それは、独伊との軍事同盟を南方武力行使と関連づけていた、武藤らの当初の意図とは必ずしも同じものではなかった。しかも、松岡は対英米軍事同盟を念頭に置いていたが、武藤らは、アメリカを刺激することを避け、対英軍事同盟にとどめる意向だった。しかし、アメリカの参戦阻止の方向では一致しており、三国同盟につづく、松岡による日ソ中立条約締結（翌年四月）を、武藤は「大成功」として評価していた。三国同盟と日ソ中立条約の結合によって、アメリカの参戦阻止に有効に作用するとみていたからである。

三国同盟成立後、武藤は、日本をとりまく国際情勢について次のような認識を示している。

日独伊は連携して、英米仏などに支配されていた「旧世界秩序」を転覆し、「世界の新秩序」を建設しつつある。今や、英米の反日的態度は先鋭化し、両国は緊密な連携のもと、対日攻勢を策しつつある。ソ連を英米陣営に引きこもうとし、重慶政府を援助して日本への抗戦をつづけさせようとしている。また、タイや蘭印をも、日本に対抗するよう使嗾《しそう》している。

ソ連は、英米と日独伊の間で中立的態度をとっているが、独伊との協力のもと、なるべく枢軸側に協力させるよう努めなければならない。もちろん、その全世界に対する赤化宣伝への警戒は忘れてはならない。だが、日本は、あくまでも自給自足の経済圏をつくらねばならず、南方資源の獲得が必須である。したがって、ソ連との国交を調整し、南方発展のために一時ソ連と提携しなければならない。また、ソ連の対中援助の影響は大きく、それを断つためにも、ソ連との国交調整が必要である。

こうした三国同盟およびソ連との提携によって、なるべくアメリカを反省させるようにしなければならない。そして、公平妥当な態度をもってアメリカに対処することが必要である。自ら好んでアメリカと戦争するにはおよばないが、最悪の場合でも、断然これと対抗するだけの準備は整えておかなければならない。アメリカは現在国防国家体制の整備を進めており、その軍事費は約一五〇億円に達するもので、日本では考えられないことである。しかも事態は決して楽観を許さないものであり、ひとたび対処を間違えれば、「日米戦争を太平洋上にはじめて、世界人類の悲惨なる結果を招来する」こともありうる。

このような状況下において、国是としての「大東亜建設」を遂行していくには、国防国家体制を整え、強力に国策を遂行していかなければならない、と。

すなわち、日独伊三国同盟とソ連の連携による圧力で、アメリカ参戦を阻止し、日米戦を回避しながら、大東亜生存圏の建設を実現しようと考えていたのである。武藤は、三国同盟について、日米戦争を目的とするものではなく、あくまでもそれを回避するためのものだと、陸軍省局長会議で発言している。欧州戦争に加えて、圧倒的な国力差のある対米戦となること、また「世界人類の悲惨な結果」をもたらすことは、武藤も望まないことであったからである。だが、この武藤の期待は、後述するように、日ソ中立条約締結の二ヵ月後、一九四一年六月の独ソ戦によって打ち破られることになる。

ところで、日独伊三国同盟締結の直前の、一九四〇年（昭和一五年）九月二三日、日本軍は北部仏印への進駐を開始した。かねてから陸軍は、援蔣ルートの一つとして仏印ルート遮断を企図しており、フランス降伏（休戦申し入れ）の翌六月一八日、米内光政内閣は畑俊六陸相の要請で、フランス政府（ヴィシー政権）に援蔣行為の中止を要求した。仏印ルートは、香港ルートが日本軍の広州占領によって遮断されて以降、最も重要な援蔣ルートとなり、仏印経由のものが全援蔣物資の約五割を占めた。ソ連やアメリカからの援助物資も仏印ルートで運ばれていた。残りはビルマ・ルート（ビルマは当時英領）が三割を占め、ソ連の援助物資は、ソ連国境から蘭州を経由する新疆ルートからも送られていた。

フランスが日本の要請を受け入れると、日本側は監視団を送りこみ、さらに日本軍の北部仏印への進駐を認めるよう仏印当局に要求した。

現地交渉が難航したため、八月一日から、近衛内閣の松岡外相とフランス駐日大使との交渉がおこなわれ、三〇日、日本軍の進駐と航空基地使用などを認める協定が成立した。この協定内容は、武藤ら陸軍中央が作成し、七月二七日に大本営政府連絡会議で承認された、「世界情勢の推移に伴う時局処理要綱」に基づくものであった。

ところが日本軍部隊の独断越境事件が起こり現地での交渉が停滞した。現地指導のため派遣された冨永作戦部長は、強引に武力進駐を実施しようとしたが、九月二二日、仏印当局との合意が成立。細部取り決めの協議に入った。しかし、現地軍は、二三日、またもや独断で越境しフランス軍と交戦状態に入った。戦闘は二五日までつづいたが、この間、もともと強硬姿勢だった冨永作戦部長は、現地軍による武力進駐を制止しなかった。

この事件によって、冨永作戦部長は更迭され、一〇月一〇日、田中新一が作戦部長に就任した。これ以後、陸軍の構想と政策は、武藤軍務局長と田中作戦部長によって牽引されることとになる。東条陸相は、長く中央を離れていたため独自の構想をもっておらず、武藤や田中の構想や政策に最終判断を下す立場だった。だが、しばらくして、同じ統制派系内部での、武藤ら陸軍省軍務局と、田中ら参謀本部作戦部との、世界戦略をめぐる厳しい対立がはじまることとなる。

冨永作戦部長更迭と前後して、沢田茂にかわって塚田攻が参謀次長に、閑院宮にかわって杉山元が参謀総長となった。ただし、冨永は、翌年四月には、陸軍省人事局長として陸軍中央要職に復帰する。統制派のなかでも、とりわけ東条陸相に近い関係にあったからである。

また、イギリスの援蔣ビルマ・ルートについても、日本政府は、フランス敗北後の六月下旬、その閉鎖を要求した。イギリス政府は、七月一二日、ドイツの英本土攻撃の危機が強まるなかで、やむなく三ヵ月間のビルマ・ルート閉鎖を受け入れた。

なお、「世界情勢の推移に伴う時局処理要綱」には、国防国家の完成を促進するための国内指導として、強力政治の実行や、国民精神の昂揚、国内世論の統一などがあげられていた。それに基づき、武藤ら陸軍中央は、七月下旬に「国内指導に関する具体的要目」を定めた。そのなかには、全国的国民総動員組織の確立、既成政党の解消などとともに、事業の整理統合とその経営者任免権の確立、さらには言論結社集会などの禁止・制限、国策批判の抑圧などが含まれていた。政治・経済のみならず、言論や集会の取締りを含む国民生活そのものへの厳しい統制の実施が意図されていたといえよう。

第八章

漸進的南進方針と独ソ戦の衝撃

——田中新一参謀本部作戦部長の就任

独ソ戦争．スターリングラード周辺のドイツ偵察隊．1943年（写真：読売新聞社）

一、英米可分から英米不可分へ

一九四〇年（昭和一五年）一〇月一〇日、参謀本部作戦部長に就任した田中新一は、陸軍省からの提案などをもとに、自ら「支那事変処理要綱」を起案。二三日、参謀本部、陸軍省の同意を得て陸軍案となった。

その基本方針は、英米の援蔣行為禁絶、対ソ国交の調整など、あらゆる手段によって重慶政権を屈服させる。内外の態勢を中国での「長期大持久戦」に適応させるとともに、「大東亜新秩序」建設のため、国防力の弾発性を回復し増強する。これらに日独伊三国同盟を活用する、とするものであった。ここでは、日中戦争の解決とともに、大東亜新秩序の建設が課題とされ、そのための国防弾発性の回復が求められているのが注意をひく。

このころ、田中作戦部長は、重慶政府を屈服させることは「第二義的」なもので、「全面的東亜の解決」により、日中戦争は「自然に」解決されると考えていた。全面的東亜の解決とは、大東亜新秩序の建設を意味し、南方武力行使（対英蘭戦争）によって、米英依存経済から脱却した自給自足的経済圏の形成をめざすものであった。日中戦争をそれ自体として解決するというより、南方への武力行使をともなう大東亜新秩序の形成によって、日中戦争も処理されうるとの想定に立っていた。そのためには国防弾発性の回復すなわち在華兵力の削減などが示唆されているのである。

戦後の回想によれば、当時田中はこう考えていた。「支那事変そのもののみを取り上げて解決すべき望みは、ほとんど絶えた。支那事変の解決は、ただ欧亜を総合した国際大変局［世界大戦］の一環としてのみ、これを期待することができる」、と。

この「支那事変処理要綱」は、その後、陸海軍の検討を経て、基本的には大きな修正を受けることなく、一一月一三日の御前会議で正式に決定された。

田中新一

翌年一月、田中ら作戦部は、「大東亜長期戦争指導要綱」を作成し、陸軍省部（陸軍省・参謀本部）の非公式な承認を得た。その要旨はこうである。第一に、好機に武力を行使して南方問題を解決し、自給自足の態勢を確立する。そのための作戦準備を整え、まず仏印・タイを大東亜共栄圏の骨幹地域として包摂する。第二に、北方（ソ連）に対しては、さしあたり静謐《せいひつ》保持を方針とし、満州・朝鮮一四個師団を整備する。

すなわち、好機に応じた南方武力行使と、北方静謐を基本とするもので、「時局処理要綱」とほぼ同様の方針であった。

ただ、仏印・タイが骨幹地域として重視されている。田中は、仏印・タイの包摂を南方施策の第一段階と考えており、後述する大東亜共栄圏の漸進的段階的建設につながる観点が提示されているといえよう。また田中ら作戦部が、ドイツの英本土上陸作戦延期後のこの段階でも、好機捕捉による南方武力行使論を維持していたことがわかる。田中自身は、翌年春から夏にかけて、欧州戦局はドイツの英本土侵攻など大展開があると考えていた。

田中ら作戦部は、「大東亜長期戦争指導要綱」起案と同時期に、「対支長期作戦指導計画」を作成した。そこでは、国際情勢の変化を利用して、日中戦争の解決を図る。中国駐留軍は約五〇万とする。中国での占領地を拡大することなく、作戦は原駐屯地帰還を原則とする、とされている。

これは、日中戦争をそれ自体として解決することを断念し、より大きな国際関係の変動、すなわち欧州大戦の帰趨や対ソ国交調整、南方武力行使などを通じて処理しようとするものであった。また、当時約七五万の在華日本軍を、国防力の弾発性を確保するため大幅に削減することを意味した。田中も武藤同様、中国派遣軍の削減が必要だと考えていたのである。この世界大戦にどう対処するかが、統制派系幕僚共通の第一義的な課題だったからである。

「対支長期作戦指導計画」は陸軍省部で正式決定され、天皇に上奏された。

これら「大東亜長期戦争指導要綱」「対支長期作戦指導計画」は、田中ら参謀本部が作成したものであるが、武藤ら陸軍省も同意していた。したがって、その内容については、武藤・田中に大きな意見の相違はなかったといえる。

また、一月三〇日、「対仏印、泰《タイ》施策要綱」が、大本営政府連絡会議において決定された。これは陸軍省部が起案し海軍の合意を得たものであった。その概要は、「大東亜共栄圏」建設の途上において、仏印およびタイとの間で、軍事・政治・経済にわたる結合関係を設定する。そのために、やむをえない場合は武力を行使する。仏印との間に、航空基地の建設、港湾施設の使用、日本軍の進駐などを含む軍事協力協定を締結する、などだった。

いわば大東亜共栄圏の漸進的段階的建設の方式が打ち出され、その第一段階として、仏印・タイの包摂を図る方針を明確にしたのである。そのさい武力行使のオプションも明示され、資源確保のみならず、南部仏印への進駐と、そこでの航空基地を含む軍事施設建設が意図されていた。タイとの関係は、仏印・タイ間の国境紛争に介入する過程で軍事的にも密接なものとなっており、北部仏印進駐はすでに終えていたからである。

この時点で、仏印、タイは、大東亜共栄圏形成における、ゴム、錫《すず》、燐《りん》、タングステンなど軍需資源の第一次補給圏と位置づけられた。また仏印は、日本の南方進出の軍事基地としても重要視されていたのである。

この決定過程で、田中作戦部長は、三月末までに南部仏印進駐を実施すべきだと考えていた。それは、春から夏にかけて欧州戦局にドイツの攻勢による大展開が予想され、七、八月ごろの新情勢に備えるため、三月末には進駐決定が必要だと判断していた。決定後、進駐準備に一ヵ月、飛行場整備に二、三ヵ月はかかるとみられていたからである。

武藤軍務局長もまた同様に三月末を目標とすべきだと主張していた。だが松岡外相の同意を得られず、七月まで実施に移されなかった。松岡は、現時点での南部仏印進駐は対英米戦を誘発するなどとして、その実施には慎重姿勢を示していた。その間、四月には、日ソ中立条約の締結、日米諒解案に基づく日米交渉開始があり、六月には、独ソ戦が開始される。

なお、「大東亜共栄圏」の呼称は、前年八月、松岡外相談話で初めて使われ、重要な公式文書としては、この「対仏印、泰施策要綱」が初出となる。それまで、「大東亜を包容する協同経済圏」「大東亜生存圏」「大東亜新秩序」などと表現されてきたものが、これ以後ほぼ「大東亜共栄圏」もしくは「大東亜新秩序」に統一される。

さて、二月上旬、陸軍省部は「対南方施策要綱」を作成し、海軍側に提示した。その骨子は、対南方施策の目的は、日本の自給自足経済態勢を確立することにある。イギリス崩壊などの好機、もしくは米英による全面禁輸を受けた場合には、武力を行使する。英米分離に努力し、戦争相手は英蘭に限定する、というものであった。

この陸軍案は、なお英米可分論に立っていた。再度ドイツの英本土上陸作戦が実施されると考えていたからである。ところが海軍側は、英米絶対不可分、南方武力行使はすなわち対米戦になるとの判断を示し、陸軍案に同意しなかった。英米不可分の立場をはっきりと打ち出したのである。

その後、陸海軍は協議をつづけ、四月一七日、「対南方施策要綱」陸海軍案が作成され、六月六日、陸海軍間で正式に決定された。陸海軍案の作成は日米交渉開始直前、正式決定は独ソ戦直前にあたる。その内容は、以下の通りで、その後の日本の軌跡を考えると、きわめて重要な意味をもっている。

第一に、大東亜共栄圏建設の途上において、日本と仏印・タイ間で、軍事・政治・経済などの結合関係を設定する。また、日本と蘭印の間に緊密な経済関係を確立する。

第二に、これらは外交施策により実現を期す。ことに仏印・タイとの軍事的結合関係を速やかに設定する。

第三に、以上の施策遂行にあたり、次のような事態発生のときは、「自存自衛」のため武力を行使する。英米蘭などから対日禁輸を受けた場合、もしくは日本に対するアメリカなどの包囲態勢が強化され国防上容認できなくなった場合。

第四に、イギリスの崩壊が確実とみられるときは、蘭印への外交措置などによって目的達成に努める。

ここでは、大きく二つの方針が示されている。一つは、大東亜共栄圏建設の一階梯として、外交によって仏印・タイの包摂を図ることである。

前年七月の「時局処理要綱」は、好機を捕捉し、英領武力攻撃などによって南方問題を一挙に解決しようとするものであった。いわば大東亜共栄圏形成の大部分を、武力によってストレートに実現しようとするものだったといえる。それが、この「対南方施策要綱」では、「対仏印、泰《タイ》施策要綱」を継承して、大東亜共栄圏の段階的建設、その一階梯としての仏印・タイの包摂、の方針が示されている。だが、ここでは、武力行使も視野に入れていた「対仏印、泰施策要綱」とは異なり、外交による仏印・タイの平和的包摂の実現が企図されている。さらに、蘭印についても、原則として外交的手段による経済関係の緊密化がめざされている。

これは、次にみるように、この時点で英米不可分の見方が、陸海軍共通の認識として明確になったことと関連していた。英米を刺激する武力行使によらず、仏印・タイの包摂を実施し、蘭印についても外交交渉により必要資源の供給を確保しようとしているのである。ただ、仏印・タイとの軍事的結合関係の設定を急いでおり、英蘭領など南方進出のための南部仏印への進駐と軍事基地設営は重視していた。

方針の二つめは、南方武力行使を「自存自衛」の場合のみに限定したことである。「時局処理要綱」での英米可分が清算され、陸軍、海軍ともに英米不可分の認識に立つこととなった。したがって、南方英領への軍事攻撃はただちに対米戦争を意味し、アメリカの参戦を避けながら南方英領への武力行使を実行することは、不可能と判断されたのである。「好機」捕捉の武力行使は放棄され、「自存自衛」の場合にかぎり武力を行使することとなった。武力行使は、すなわち対英米戦争を意味した。そして、自存自衛の場合とは、英米蘭などから対日禁輸措置を受けるか、国防上容認できない軍事的対日包囲態勢が敷かれたときが想定されていた。ちなみに、対日禁輸措置は、すでにアメリカが全軍需資材を輸出許可制とし、屑鉄と航空用ガソリンの対日禁輸が実施されていた。

このような認識と判断は、海軍側のみならず、田中作戦部長や武藤軍務局長など陸軍側も同意したものだった。二月の陸軍案から四月の陸海軍案までの間に、アメリカでは三月に武器貸与法が成立していた。これによって、アメリカは大規模な対英武器援助をおこなう姿勢を明らかにした。なお、五月には、中国にも武器貸与法が適用されることとなった。

また、アメリカ政府は、イギリスがドイツに敗北すれば、大西洋の制海権は失われ、アメリカ自身の安全保障に重大な影響を及ぼすとの見方を示していた。ナチス・ドイツが、イギリスを含めて全欧州を支配すれば、その影響力が南米にも及び、アメリカを直接脅かすとして強く警戒していた。しかもイギリスの敗北によって、ドイツがイギリスの工業力や海軍力を手中にすれば、それはアメリカにとって現実的な軍事的脅威となる可能性があった。

そのような観点から、アメリカ政府は軍事面も含めた、全面的なイギリス支援の姿勢を明らかにしていた。

そのうえでこのころ、ルーズベルト大統領は、海軍に対英援助物資を運ぶ米国商船の保護強化を命じた。海軍による商船護送には当然発砲行為も想定されていた。これは直接対独交戦に突入する可能性を内包しており、アメリカの参戦決意とみなされた。さらに、四月一二日には、デンマーク領グリーンランドにアメリカ軍が進駐する。イギリスの敗北を阻止するため、アメリカが対独参戦する姿勢は、これらの点からも明らかだった。

つまり陸軍からみても英米不可分の状況となっていたのである。実際、一月末から、ワシントンで英米間の最高軍事参謀会議が開かれており、三月末には、英米共同の統合戦略を定める協定がなされた。

しかも、三月中旬から下旬にかけて、岡田菊三郎陸軍省戦備課長による省部各方面への物的国力判断の報告がおこなわれた。そこで、二年程度の短期戦なら南方武力行使は可能だが、対英米長期戦の遂行には不安あり、との判断が示された。いずれにせよ、対米戦を決意しないかぎり、さしあたり南進は、英米と戦争にならない枠のなかでおこなわざるをえなくなったのである。

だが、のちに南部仏印進駐がアメリカの対日全面禁輸を引き起こし、南方武力行使と対米英戦に突入していく経過からみれば、この「対南方施設要綱」は、きわめて暗示的な内容をもつものであったといえよう。

ところで、「対南方施設要綱」陸海軍案作成の翌日、四月一八日、野村吉三郎《きちさぶろう》駐米大使から「日米諒解案」が打電されてきた。日ソ中立条約締結から五日後、独ソ開戦の二ヵ月前であった。日米諒解案は、両国の友好関係の回復をめざす全般的協定を締結しようとするもので、次のような内容を含んでいた。

一、日中戦争について、中国の独立、日中間の協定に基づく日本軍の撤兵、蔣・汪政権の合流、満州国の承認などを条件に、米大統領が蔣政権に和平を勧告する。

二、日本が武力による南進をおこなわないことを保証し、アメリカは日本の必要資源入手に協力する。

三、新日米通商条約を締結し、両国の通商関係を正常化する。

この日米諒解案は、米カトリック神父のウォルシュとドラウト、井川忠雄《いがわただお》産業組合中央金庫理事、岩畔豪雄前軍事課長らによって、非公式な協定案としてまとめられたものだった。ウォルシュとドラウトは、カトリック教徒のウォーカー郵政長官の仲介で、ハル国務長官、ルーズベルト大統領とも接触しており、井川は近衛と親交が深かった。岩畔は、陸軍省から野村大使を補佐するため派遣されていた。また、その作成過程には、駐米日本大使館、米国務省なども間接的に関与していた。

四月一六日、ハル長官と野村大使との会談がおこなわれた。そこでハルは、領土保全と主権尊重、内政不干渉、機会均等、太平洋の現状不変更の「四原則」を、アメリカの基本的態度として示した。そのうえで、日米諒解案は、それにアメリカが拘束されるものではないが、両国の交渉開始の基礎となりうる旨を述べた。

野村大使は、一八日、本国に日米諒解案を打電したが、そのさい、ハル四原則にはふれなかった。このことは、この後の日米交渉の展開に、少なからぬ混乱を与えることとなる。日米諒解案について、近衛首相ら内閣および海軍は、日本にとって容認しうるものだとして歓迎する態度であった。ただ、松岡外相は、独ソ訪問中で留守にしていた。

武藤軍務局長も、日米間の緊張を緩和し、日中戦争解決に資するものとして歓迎した。戦後の回想では、「はなはだ満足すべきもの」であり、これで「日本は救われた」と思ったとも述べている。

武藤は、前述したように、大東亜共栄圏の建設は必要だと考えていたが、日中戦争の早期解決とともに、日米戦争は回避したいと望んでいたからである。中国からの撤兵の条項については、日中間の協定によるとされており、撤兵の期間や範囲は、協定内容によりさまざまな方策がありうると考えられていた。ちなみに、岩畔軍事課長のアメリカ派遣は武藤の意向によるものでもあった。ただ、武藤ら軍務局は、文面上、華北などへの駐兵が保証されていないことには不安感をもっていた。さきにふれたように、武藤らにとって、華北の資源確保と駐兵は、日本の「自衛的生活圏」確保に不可欠と位置づけられていたからである。

田中作戦部長は、日米諒解案を、基本的にはアメリカによる対独参戦のための「時間稼ぎ」とみていた。また、武藤と異なり、田中は、この段階ですでに対米戦は不可避と判断していた。アメリカはすでに対独戦を決意しており、それはいずれ日米戦へと展開する。日本は、「国防の自主独立」のために資源の自給自足を要し、大東亜共栄圏の建設が必須である。だがそれはアメリカの太平洋政策――九ヵ国条約体制を軸とする門戸開放と機会均等――と正面から衝突せざるをえない。したがって、アメリカは日本の大東亜共栄圏建設を絶対に容認しないだろう。こう考えていたからである。そして、対米開戦までの間に、日米交渉を利用して日中戦争を解決し、さらに南方戦略資源の大量獲得を図ることが望ましいとの意見だった。その意味で、田中もまた、武藤とは異なる観点からではあるが、日米諒解案を歓迎していた。したがって、東条陸相をはじめ、陸軍の大勢《たいせい》も同様に反応した。

武藤もまた、国防国家建設のためには大東亜共栄圏の建設が必要だとの見地に立っていた。だが、大きな国力差や戦備課長による物的国力判断からも対米戦はきわめて危険であり、回避すべきだと考えていた。したがって、三国同盟と日ソ中立条約で、アメリカの参戦や軍事介入を阻止しつつ、当面は外交的手段によって南方進出を図ろうとしていたのである。

たとえば、五月初旬から中旬にかけて、陸軍では、アメリカの対独参戦の場合の対応を検討しているが、そのころ、田中作戦部長は、次のように考えていた。

アメリカの対独参戦は、すでに「不可避」となっており、今後一切の処置はアメリカの参戦を「前提」としてなされなければならない。できれば参戦前にアメリカの対中援助を打ち切らせる必要があり、日米交渉は、それを目的とする。アメリカが参戦すれば、三国同盟に基づいて独伊に対し、政治・経済・軍事的援助を与える。また、シンガポール以西の南部アジアの英勢力を、独伊と協力して駆逐する。さらに、英領シンガポール攻略（対英戦）は、「機を見てこれを決行する」、対米宣戦は、「状況を見てこれを決す」と。

つまり、アメリカが対独参戦すれば、独伊に政治・経済・軍事的援助を供与するのみならず、英領シンガポールの攻略、対米開戦も、考慮に入れていたのである。

その後、独米関係は悪化し、六月には、独伊の在米資産が凍結される。

一方、武藤軍務局長は、もともと三国同盟を、イギリスに対する軍事同盟として想定しており、また対米戦はできるだけ回避すべきとの意見だった。それゆえ、前述のように、三国同盟について、日米戦を目的とするものではなく、あくまでこれを「回避」することを目的とすると位置づけていた。また、英米による重慶援助の阻止や、日ソ国交調整の推進、さらには外交的手段による南方進出のために利用すべきだとの考えだった。したがって、アメリカが対独参戦した場合、ただちにドイツ側にコミットすることには消極的で、当分静観するしかないと判断していた。

このような両者の考え方の相違は、後述するように、独ソ戦によって表面化し、その後の日本の国策決定に重大な影響を及ぼすこととなる。

さて、日米諒解案着電の五日前、四月一三日、松岡外相によって、日ソ中立条約がモスクワで調印された。松岡は、ドイツ側より独ソ間の疎隔を聞かされていたが、なお、三国同盟と日ソ中立条約によって、アメリカに圧力をかけうると考えていた。陸軍内部では、この日ソ中立条約の締結が、日米諒解案におけるアメリカの譲歩を引き出しえたのだとする解釈も存在した。

だが、帰国した松岡外相は、外相である自分が関知しないところでまとめられた日米諒解案に不快感を示し、五月一二日、独自の修正案を作成、アメリカ側に提示した。その内容は、アメリカの役割を和平勧告のみにとどめ、日中間での和平条件の具体的内容には立ち入らせない趣旨のものだった。

これに対し、六月二一日、アメリカ側から修正案が示された。その内容は、日本側からみれば受け入れがたいものであった。米修正案は、日中交渉の相手として汪政権ではなく蔣政権（重慶政府）のみを示唆し、間接的に満州国を否認している。また、日本軍の駐兵を認めず、中国をふくむ太平洋全域への無差別待遇原則の適用を求め、東亜新秩序を否定している。さらに、事実上三国同盟からの離脱を求めている、と理解されたからである。ハル四原則を知らされていなかった武藤ら軍務局は、日米諒解案とのあまりにも大きなギャップに驚いた。

二、独ソ戦と武藤・田中の対立

だが、翌六月二二日、ドイツのバルバロッサ作戦発動によって、独ソ戦がはじまる。すでに、その約二週間前の六月六日、大島浩駐独大使から独ソ開戦は確実との情報が入り、政府・陸軍ともに、それへの対処に忙殺されていた。

陸軍中央では、独ソ戦への対応をめぐって、大きな意見の対立が生じた。

田中作戦部長は、六月九、一〇日の参謀本部部長会議で、次のように主張した。北方では必ずや好機が到来する。南方では、好機の到来の有無にかかわらず、不可避的に対英米戦に直面することになる。したがって、いずれにせよ武力行使の意志を固めておく必要がある、と。

このころ田中は、ことに北方武力行使すなわち対ソ戦への強い意欲を示し、好機を「作為捕捉」して、武力を行使すべきとの強硬な意見をもっていた。好機の作為捕捉とは、好機を意図的につくりだしてでも、すなわち実際上は好機の有無にかかわらず、武力行使に踏み切ることを意味した。また、北方での好機とは、後述するように、ドイツの侵攻による短期間でのソ連の崩壊をさしていた。

田中は、こう考えていた。

独ソ戦になれば、英米ソの提携は強化され、アメリカは英ソの徹底的援助に努めるだろう。また、米英蘭などによる対日経済圧迫を受けることとなる。したがって、西太平洋での米英の動きに備え、早急に第一補給圏である仏印とタイを完全に包摂しておかなければならない。ことに、南方の英領マレーやシンガポール、蘭印への攻撃基地として、南部仏印に所要の兵力を進駐させる必要がある。もし仏印当局が進駐を受諾しなければ武力を行使すべきである。

また、ドイツの対ソ侵攻後の戦況そのものは数ヵ月でドイツが勝利し、スターリン政権は崩壊する可能性が高い。ソ連が撤退戦略をとり、独ソ戦が長期持久となることもありうるが、その場合でも、レニングラード、モスクワ、ウクライナ、バクー油田などを失い、大幅な国力低下となる。したがって、機を逸せず、ソ連への武力行使によって北方問題を解決する必要がある、と。つまり、独ソ戦を期に、南部仏印進駐と北方武力行使を実施すべきとの考えだったのである。

田中はこうみていた。ソ連の屈服は、日本への北方からの脅威を取り除き、またイギリスの対独継戦意志を破砕することになる。イギリスは、大東亜共栄圏形成の最大の障害となっており、その打倒は、日本の南方武力行使を容易にする。また、日本が北方の脅威から自由になることは、アメリカにとっても太平洋側からの強い軍事的圧力となり、対独参戦を背後から牽制する効果をもつ、と。

ちなみに、前年七月ヒトラーは、陸海軍首脳との会談において、対ソ侵攻の必要性について、次のような趣旨の発言をしている。

イギリスの望みはロシアとアメリカである。ロシアにかける望みが消えたなら、アメリカへの望みも消えるだろう。ロシアの脱落は、東アジアにおける日本の地位の上昇を著しくするからである。ロシアはイギリスとアメリカが東アジアにおいて日本に突き付けた刃である。ロシアは、イギリスが最も期待をかけている要素である。ロシアがたたきのめされるとき、イギリスの最後の望みは奪い去られる、と。

すなわち、対ソ戦は、イギリスの継戦意志を破砕するための手段である。さらにソ連の崩壊は、日本への北方からの脅威を取り去り、日本に行動の自由を与える。そのことはアメリカへの脅威となり、アメリカがイギリス側に立って参戦することを困難にする、というのである。

なお、興味深いのは、このとき田中が、国策の方向性について、独伊枢軸との同盟か、対米英提携かを、あらためて検討していることである。

田中のみるところ、日本は今、「三国枢軸」の維持か、「対米英親善」への国策転換か、国家の命運のかかる「根本問題」に直面している。もし、枢軸を脱して米英と親善関係を結べば、おそらく日中和平は成立し、その後、独伊が屈服するか、そうでなければ世界大持久戦争となるだろう。だが、いずれにせよ事態が決着すれば、日本はあらためて米英ソ中による挟撃にあう危険がある。また、絶対不介入の中立政策も空想といわざるをえない。それゆえ、現時点では枢軸陣営において国策を実行するほかはない、と。

すなわち、独伊提携か米英提携かを、この時点で自問しなおしたうえで、自らの情勢判断によって独伊提携の維持を選択しているのである。

一般には、昭和陸軍にとってドイツとの同盟は、当初から硬直した自明の方針だったかのような理解があるが、必ずしもそうではなかった。たとえば、一九三九年（昭和一四年）八月、独ソ不可侵条約締結の直後、町尻陸軍省軍務局長（一夕会会員）は、独伊ソとの連合か、英米との連合か、それとも独自の道をとるかを、あらためて検討しなおしている。このときは、陸軍自身が進めようとしていた日独防共協定強化が、独ソ接近によって見送られ、ドイツとは一定の距離をとることとなった。

このように、昭和陸軍は、ドイツとの関係を必ずしも固定的に考えていたわけではなかった。常に米英提携など他のオプションも念頭に置いており、国際情勢についての一定の判断によって、オルタナティブの一つとして選択していたのである。日米交渉の過程で、武藤軍務局長も、この問題をより深刻かつ決定的なかたちで再考する必要にせまられることとなる。

一方、独ソ開戦確実の情報に接した武藤ら軍務局は、独ソ戦はドイツの勝利で短期に終結する可能性は低く、長期持久戦になるとみていた。ソ連は、その広大な領土と豊富な資源、一党独裁による強靱な政治組織などから、容易には屈服しないだろうと判断していたからである。

武藤は、ソ連が短期間で敗北するとは考えていなかった。独ソ戦は、双方の国力とソ連領土の広大さからして、国家総力戦となり、必然的に長期化すると判断していた。したがって、当然、ヒトラーが再開を予定していた英本土上陸作戦は遠のき、近い将来でのイギリス崩壊の可能性も低下するとみていた。それゆえ、独ソ戦については、事態を静観し、情勢の展開を見守るしかないとの姿勢だった。

そのような見通しから、軍務局内では、独ソ戦対応について一応次のような方針を申し合わせた。さしあたりは情勢を観望し、もし独ソ戦の推移によってきわめて有利な状況が出現したならば、武力を行使して、一挙にソ連を崩壊させ、北方問題を解決する。また、もしドイツがソ連を屈服させた後さらにイギリスを攻撃し、その勝利が確定的となったなら、南部仏印を越えて南方要域に武力進出をおこない、これを勢力圏内におさめる、と。

ただ、このような方針はすべて仮定のうえに立っており、基本は事態を静観しながら情勢の推移を見守るしかないとの見方だった。その間、日本としては、当面、日米交渉によって対米国交調整を進め、さらにそれを活用しながら日中戦争の解決を促進すべきだとして、武藤自身は日米交渉に力を注いでいく。したがって、北方武力行使には否定的で、後述する田中らの北方武力行使論すなわち対ソ開戦論には反対していた。

ただ、武藤も、国防国家建設のため大東亜共同体の形成は必要と考えており、外交的手段による仏印・タイの包摂と資源確保は速やかに進めるべきだとしていた。したがって、西太平洋での英米の動きを警戒しながら、南部仏印進駐には必ずしも否定的ではなかった。むしろ、軍務局内には、独ソ戦によって北方・ソ連からの脅威が低下するこの機会に、積極的に南方に進出すべきだとの意見も強かった。ただ、南部仏印が英蘭領への攻撃拠点ともなりうることから、それが英米の反発を招く可能性については、武藤も考慮に入れていた。それゆえ、仏印・タイの包摂は外交的な手段によるべきだと考えており、南部仏印進駐も、田中と異なり、武力行使による方法には慎重な姿勢だった。

他方、田中も、必ずしも独ソ戦が短期に終了する場合のみを想定していたわけではない。長期の持久戦となる場合も考慮に入れていた。すなわち、短期にソ連崩壊の兆しがあれば、それを「好機」として対ソ武力行使にでる必要がある。また、持久戦となった場合でも、一応「待機」しながら、両国間の戦況の「機微な機会」に乗ずるべきで、北方への「兵力行使の自由」を確保しておかなければならない。そう考えていた。

具体的には、ドイツが短期間でソ連軍を撃破できず、持久戦の様相を呈してきた場合でも、極東ソ連軍の動向によっては、北方武力行使を実行しようとしていたのである。参戦のチャンスがあれば、ソ連をドイツ軍と日本軍で東西から挟撃し、ソ連軍の抗戦力を破砕しようとしていたといえる。状況によっては、ドイツの対ソ戦に積極的に協力することによって、独ソ戦の早期終結、北方ソ連からの脅威の排除を実現させようとしていたのである。そのための準備が、後述する「関東軍特種演習」（関特演）であった。

その後、独ソ開戦にともなう国策案について、陸軍省部間で意見調整がおこなわれ、六月一四日、「情勢の推移に伴う国防国策大綱」として合意された。その主要な内容は次のようなものだった。

独ソ開戦の場合でも、対仏印・タイ施策は促進しその経済圏を確保する。枢軸陣営の勝利が明らかとなれば、南方武力行使をおこなう。独ソ戦の推移が日本にきわめて有利に進展すれば、武力行使によって北方問題を解決する。

ここでは、北方武力行使が、独ソ戦が日本にきわめて有利な場合すなわちドイツ勝利が明らかとなった場合に限られている。また、南方武力行使も、枢軸陣営の勝利が明らかとなった場合、すなわちドイツが短期間でソ連を屈服させ、さらに英本土攻略が成功した場合が想定されている。つまり、田中ら参謀本部作戦部の主張である北方武力行使、南方武力行使について、武藤ら陸軍省軍務局も容認しうる場合に限定して省部合意としているのである。

武藤らも、基本的には独ソ戦は長期化するとみていたが、事態の予想外の展開によって早期にソ連が崩壊する場合には、北方武力行使に必ずしも否定的ではなかった。武藤自身、日中戦争の間、常にソ連の軍事介入を懸念し警戒しつづけてきており、その北方からの脅威を取り除く絶好の機会となるからであった。また南方武力行使についても、ドイツの侵攻によってソ連、イギリスと崩壊すれば、国際情勢は大きく変化し、アメリカも容易に西太平洋に軍事介入することはないだろうと判断された。背後からドイツの牽制を受けるだけではなく、ドイツの全欧支配によって国際的に孤立することになるからである。したがって、アメリカの欧州参戦がなければ、たとえば日本がシンガポールを攻撃しても対米戦にはならないとみられていた。もし国際情勢がそのように展開すれば、それはそれで武藤ら軍務局にとっても望ましいことであった。ただ、武藤らは、基本的にはドイツの短期間での対ソ勝利は困難だと判断しており、そう都合良くはいかないだろうとみていた。ただ、対仏印・タイ施策の促進すなわち仏印・タイの包摂の実行については、省部ともに一致していた。
この「情勢の推移に伴う国防国策大綱」陸軍案について、海軍とも協議がおこなわれ、六月二二日の独ソ開戦をはさんで、六月二四日、「情勢の推移に伴う帝国国策要綱」陸海軍案が作成された。

そこでは、「方針」として、

一、大東亜共栄圏を建設する方針を堅持する。

二、日中戦争処理に邁進するとともに、自存自衛の基礎を確立するため南方進出の歩を進め、また情勢の推移に応じて北方問題を解決する。

とされている。

大東亜共栄圏の建設が第一義的な国策としてあげられ、そのために日中戦争の処理とともに、南方進出と北方問題解決が方針として明確に打ち出されたのである。

そのうえで、「要領」として、

一、蔣政権屈服促進のため南方諸域からの圧力を強化する。

二、自存自衛上、南方要域に対する各般の施策を促進する。そのため対米英戦準備を整え、対仏印・タイ諸方策を完遂し、南方進出の態勢を強化する。この目的達成のため対米英戦を辞せず。

三、独ソ戦に対しては、三国同盟の精神を基調としながらも、しばらくは介入せず、秘かに対ソ武力的準備を整え、自主的に対処する。独ソ戦争の推移が極めて有利に進展すれば、武力を行使して北方問題を解決する。

四、北方武力行使は、対英米戦争の基本態勢保持に支障のないようにおこなう。

五、米国の参戦は極力防止するが、参戦の場合は、三国同盟に基づき行動する。ただし武力行使は自主的に決定する。

などがあげられている。

すなわち、独ソ戦については、当面は介入せず、対ソ戦備を整え、戦況が日本にとってきわめて有利な状況となれば、北方武力行使に踏み切ることになっている。ほぼ「情勢の推移に伴う国防国策大綱」陸軍案と同様の内容であった。陸軍側のみるところ、海軍は北方武力行使には消極的だったが、陸軍が南方から手をひくことを恐れ、南方施策に向けての対英米戦争準備の基本態度保持を条件に了承した。

田中の回想によれば、仏印・タイ施策を完遂することには陸海軍ともに一致していた。また田中は、北方武力行使を強く主張したが、海軍側は慎重で、武藤らと同様、短期のソ連崩壊の場合のみ可とした。さらに、海軍は南方への武力進出の条件はまだ満たしていないと判断していたが、田中は、独ソ開戦とともに、日本の自存自衛の脅威は急速に増大するので、南方武力行使の決意も固めておくべきだとの考えだった。実際は、南方進出の態勢を強化するとの一般的な合意となったが、初めて「対米英戦を辞せず」との強い表現が海軍側から示された。ただ、海軍はこの時点で実際に対米戦を決意していたわけではなく、北方武力行使論へのカウンター・バランスとしての文言であった。

この「情勢の推移に伴う帝国国策要綱」陸海軍案は、大本営政府連絡懇談会で検討されたのち、七月二日、大本営連絡会議が御前会議として開催され、ほぼ陸海軍案通り正式決定された。この決定は、その後の日本の進路を方向づけたものとして重要な意味をもつこととなる。

こうして独ソ戦の動向をにらんで対ソ武力準備を整えることが公式に認められ、田中ら作戦部は対ソ戦備強化に向かって動き出すこととなる。

このころ、七月一日付で、作戦課長に、土佐系の土居明夫に代わって、永田生前の統制派メンバーで作戦課作戦班長だった服部卓四郎（ノモンハン事件時の関東軍作戦主任参謀）が就く。参謀本部の実務中枢ラインが、田中作戦部長、服部作戦課長と、統制派系で固められたのである。

なお、この間、松岡外相は独ソ戦開始後、ただちにドイツと協同してソ連を攻撃すべきだと主張し、近衛首相ら閣僚のみならず、陸海軍の意見とも対立した。松岡は日ソ中立条約締結から帰国後、ドイツのイギリス攻撃に呼応するかたちで、英領シンガポール攻撃を説いていた。だが、独ソ開戦とともに、中立条約締結直後にもかかわらず即時対ソ攻撃論を展開し、近衛らを驚かせた。さらに、松岡は、六月二一日の米国案が三国同盟からの離脱を求めていること、また、そのさいのハルの口上書が松岡を非難していたことなどから、日米交渉の打ち切りを強く主張した。

しかし、近衛首相のみならず、陸海軍ともに日米交渉の継続を望んでおり、近衛は松岡を排除するかたちで、七月一八日、第三次近衛内閣を組閣した。外相には、穏健派で海軍出身の豊田禎次郎前商相が就任した。松岡は独自の政治勢力をもっておらず、その発言力は近衛首相の信任によっていた。したがって、この後松岡は急速に政治的影響力を失っていく。

さて、田中ら作戦部は、対ソ戦準備を公式に認められたことから、北方武力行使を念頭に満州への陸軍の大動員を計画・実施する。当時関東軍は、平時編制の一二個師団で、三五万の兵力をもっていた。田中らは、この関東軍を戦時編制にするとともに、朝鮮軍の二個師団と内地から派遣する二個師団をあわせて一六個師団で対ソ戦備を整えようとした。総兵力は、戦時編制一六個師団に、重砲隊、高射砲隊など軍直轄部隊と後方部隊を加え、八五万に達した。未曽有の陸軍大動員であった。さらに馬一五万頭も動員され、それらの輸送用に船舶九〇万トンが徴用された。これら人員・物資の移動は極秘とされ、動員目的を秘匿するため、名称も「関東軍特種演習」(関特演)とされた。

田中ら作戦部は、対ソ作戦期間を約二ヵ月と想定し、戦闘予想地域が冬季に入る一一月までには大勢を決しなければならないと考えていた。そのためには九月初頭には武力発動が必要であり、その作戦開始の意思決定は、八月上旬から中旬までにおこなわれることが必須だと判断していた。

また、武力介入の基準として、極東ソ連軍が対独戦への西方転用によって兵力が半減し、ことに航空機および戦車が三分の一に減少した場合とした。ちなみに独ソ開戦前の極東ソ連軍の兵力は三〇個師団、戦車二七〇〇両、航空機二八〇〇機。これに対して関特演前の在満鮮日本軍戦力は、一四個師団、戦車四五〇両、航空機七二〇機で、関特演による増強を加味しても、戦局の帰趨を決する戦車・航空機は圧倒的に劣勢だった。

もし対ソ開戦に踏み切るのなら、一気に極東ソ連軍を撃破する必要があった。もし緒戦で大打撃を受けるようなことがあれば、北方武力行使が失敗するだけではなく、南方武力行使も不可能になり、大東亜共栄圏も、国防の自主独立も夢想となる。緒戦での勝利は絶対条件であり、それには、ノモンハン事件の経験から、師団数のみならず、戦車・航空機の比重が決定的な重要性をもっていたのである。

対ソ武力発動は、八月上中旬までの意思決定と、この極東ソ連軍減少の基準がクリアーされるという、二つの条件によって事実上制約されていたといえる。

当初作戦部は、二〇個師団を基幹とする案を考えていたが、陸軍省の同意が得られず断念された。

武藤ら軍務局（中枢メンバーは、武藤章軍務局長、真田穣一郎軍事課長、西浦進軍事課高級課員、佐藤賢了軍務課長、石井秋穂軍務課高級課員）は、もともと独ソ戦は長期の持久戦となるとみており、北方武力行使には否定的だった。また、「帝国国策要綱」の北方武力行使の条件についても、ドイツ軍の侵攻によってソ連軍が決定的な打撃を受け、関東軍の現有勢力（三五万）のみで極東ソ連軍を撃破し、さらに占領地を維持することも同兵力で可能な情勢となった場合と解釈していた。

したがって、軍務局は、関東軍の現行一二個師団の戦時動員実施にも慎重だった。六月二九日に、田中作戦部長が、主務課長である真田穣一郎軍務局軍事課長に、本格動員（戦時動員）実施を強く迫ったさいにも、真田は応じなかった。のみならず、軍務局では、本格動員には国家レベルでの開戦意思決定が必要だと考えられていた。のみならず、「国策要綱」が想定している北方武力行使の条件（短期間でのソ連崩壊）が満たされる可能性に否定的な見方をしていたからである。

ところが、武藤軍務局長が、七月上旬、たまたま眼病治療のため勤務を休んでいた。その間、田中作戦部長は、真田穣一郎軍事課長に再度圧力をかけ、在満鮮部隊一四個師団の本格動員と内地航空部隊、一部の軍直轄部隊の動員派遣に同意させた。だがそれ以上は真田ら軍事課は譲歩しなかった。やむなく田中作戦部長は、七月四日、東条英機陸相と直接交渉し、東条の了承を得た。翌七月五日、一六個師団を基幹とする総兵力八五万人の本格動員実施が陸軍内で決定された。

なお、陸軍省でも、重要ポストにあった冨永恭次人事局長は、対ソ主戦論で田中に積極的に協力して動いていた。冨永は、東条の腹心の部下といえたが、田中とは陸士同期で、ことに親しい関係にあった。また、梅津美治郎関東軍司令官も、七月上旬、「この際北方問題の根本的解決を決行するを要する。……今こそ対ソ国策遂行のため千載の好機である」、との意見を陸軍中央に寄せている。

関特演の動員命令は、七月六日と一六日に分けて発せられた。こうして総兵力八五万、馬一五万頭、徴用船舶九〇万トンにのぼる大動員が実施されたのである。田中ら作戦部は、たとえ独ソ戦によるソ連軍の崩壊が起こらなくとも、極東ソ連軍の兵力が半減し、ことに航空機・戦車が三分の一の状態になれば、なんらかのきっかけをつかんで、対ソ武力行使を実施し、日独による対ソ挟撃を実行する考えであった。それが、さきに好機を「作為捕捉」すべきと田中が主張したさいの「作為」の具体的な意味であったといえよう。「帝国国策要綱」では、事実上独ソ戦によるソ連軍の崩壊が、北方武力行使の好機として想定されていたからである。ちなみに海軍は、そのような陸軍の謀略的措置により対ソ戦に突入していくことを警戒していた。

だが、極東ソ連軍の西方対独戦線への移動は、田中作戦部長らの期待通りには進まなかった。七月中旬の段階で西送されたのは五師団程度で、開戦前三〇個師団の一七パーセント、戦車・航空機その他の機甲部隊の西送は、三分の一程度にとどまっていた。後述するように、対独戦線の状況が、ソ連にとってきわめて厳しい状況に追いこまれていたにもかかわらずである。ソ連側も日本の参戦を強く警戒していたといえよう。また、参謀本部情報部は、八月はじめに、本年度中にドイツがソ連を屈服させるのは不可能であろうとする情勢判断をまとめた。それでも田中作戦部長は計画を断念せず、なお東条陸相と協議し、八月一〇日前後までに、対ソ武力行使を実施するかどうかを決定しようとしていた。

しかし、参謀本部は、八月九日に、年内の対ソ武力行使を断念する方針を決定した。七月二八日に実施した南部仏印進駐に対して、八月一日、アメリカが石油の対日全面禁輸措置を発動し、日本への石油供給を全面的に停止したからである。そのため、陸海軍・政府にとって、対米対応が第一義的な問題として浮上してきた。これが主因となって北方武力行使は延期されることになったのである。田中自身もまた、アメリカの対日石油禁輸によって、石油保有の現状から対ソ作戦を優先的に考えることはできなくなったと判断していた。

ところで、独ソ開戦確実との入電直後、六月一〇日、陸海軍間で「南方施策促進に関する件」が合意された。さきに陸海軍間で決定した「対南方施策要綱」に基づくもので、その主要な内容は、次のようなものであった。

一、仏印との間で、南部仏印への進駐を含む、軍事的結合関係を設定する。
二、そのための外交交渉をおこない、仏印が要求に応じない場合は武力を行使する。

この「南方施策促進に関する件」は、六月一二日の大本営政府連絡懇談会で了承された。

すなわち、仏印側への武力行使も念頭に置いて、南部仏印進駐への外交交渉に着手することが正式に決定されたのである。

そして、七月二日の御前会議で決定された「帝国国策要綱」でも、「対仏印、泰《タイ》施策要綱」および「南方施策促進に関する件」に依拠し、仏印・タイに対する諸方策を完遂し、南方進出の態勢を強化する、とされた。

南部仏印は、天然ゴムや錫、亜鉛、タングステンなど重要資源の生産地であるとともに、マレーやシンガポール、西部ボルネオなどの英領植民地、蘭印、さらには米領フィリピンなどへの直接的な攻撃基地となりうる位置にあった。したがって、南部仏印進駐は、当地の資源獲得とともに、さらなる南方作戦が必要となった場合の軍事基地の確保を目的とするものでもあった。

七月三日には、進駐の準備命令が下され、兵力約四万の進駐部隊が中国南部の海南島に集結した。七月一四日、駐仏日本大使は、フランス・ヴィシー政府に、プノンペンやサイゴン、ビエンホアなど八つの航空基地の建設と、サイゴンとカムラン湾の港湾整備と海軍基地としての使用管理、必要な兵力駐屯などを要求した。さらに、一九日、フランス側の同意・不同意にかかわらず、七月二四日には進駐を実力でも開始するとの最終的回答要求を示した。二一日、やむなくフランス政府は進駐を受諾。七月二八日から日本軍は南部仏印への進駐を開始し、航空基地をはじめ各種軍事施設を設営。これによって東南アジアにおけるイギリス最大の根拠地シンガポールを直接空爆圏内におさめることとなった。また、さらなる南方作戦のための艦隊基地を獲得したのである。

この南部仏印進駐は、蘭印に対する軍事的圧力となり、交渉が難航している「日蘭会商」における蘭印側の態度を軟化させる効果も期待されていた。

蘭印には、天然ゴム、錫、ニッケル、ボーキサイトなどの重要資源とともに、豊富な埋蔵量の石油があり、日本は早くから石油の供給先として注目していた。一九四〇年一月に日米通商航海条約が失効し、石油その他の重要資源の安定的輸入に不安が生じると、重要軍需資源とりわけ石油の安定的確保を図るため、九月一三日、代表団を派遣し蘭印当局との外交交渉を開始した(日蘭会商)。ちなみに、オランダ本国は五月にドイツに占領され、政府はイギリスに亡命していた。

九月二七日、日独伊三国同盟が締結されると、蘭印側は日独接近に警戒感を強め、翌年に入っても交渉は難航し、六月中旬には、いったん日蘭会商は打ち切られた。その後日本からの代表団は帰国したが、総領事による現地での交渉は継続されていた。この日蘭会商打ち切りも、南部仏印進駐の一要因となった。南部仏印からの軍事的圧力による蘭印当局の態度軟化が期待されたのである。

だが、七月一四日の南部仏印進駐要求、二一日のフランス政府受諾後、七月二四日、ルーズベルト大統領は野村駐米大使に、日本軍の仏印からの撤退を勧告し、仏印の中立化を提案した。また、国内の強硬な対日世論のため、やむなく石油の全面禁輸に踏み切らざるをえない状況を説明し、その実施を示唆した。さらに、日本が蘭印の石油獲得に向けて武力進駐を強行すれば、イギリスは蘭印を援護するため対日戦を覚悟している。その場合は、アメリカもイギリスとの関係から日本に武力行使の可能性がある、との重大な警告を発した。アメリカ・イギリス・オランダは、すでに三月にシンガポールで、共同作戦のための軍事スタッフ会議をおこなっていた。

翌七月二五日、アメリカは在米日本資産の凍結（横浜正金《しょうきん》銀行ニューヨーク支店に秘匿されていた一億四〇〇〇万ドルの戦略物資購入資金を含む）を発表。二六日にはイギリス、二七日にはオランダ・蘭印当局も、同様の措置をとった。そして、日本軍の進駐開始直後の八月一日、アメリカは日本に対する石油輸出を全面的に停止した。それまで日本は石油の必要量の約七割あまりをアメリカから輸入しており、残りは、蘭印、北樺太などからのものであった。なお蘭印は、すでに日本軍の進駐開始当日の二八日、日蘭石油民間協定を停止し、対日石油供給を差し止めていた。

このアメリカの対日石油禁輸措置によって、北方武力行使は延期され、さらに、対米英開戦を決意することとなる。さきの「対南方施策要綱」において、自存自衛のため武力を行使せざるをえない事態として、英米蘭などからの対日禁輸を受けた場合が想定されていたが、まさに、そのような事態に立ち至ったのである。

アメリカは、前述のように、日本軍による天津英仏租界封鎖を受け、一九三九年七月、日米通商航海条約の破棄を日本に通告し、翌年一月、条約は失効した。その一方で、ハル国務長官は、グルー駐日大使に、日本外相と会談し、ドイツの勝利は日本に安全も平和ももたらさないこと、アメリカと提携して貿易を拡大し平和的手段で福利を増進するほうが日本にとって有利であること、を説得するよう指示した。

その後、同年六月日本は援蔣ビルマ・ルートの閉鎖をイギリスに要求。七月、アメリカは屑鉄・石油以外の軍需物資の輸出許可制を決定し、日本にも適用した。同月、イギリス政府はビルマ・ルートの三ヵ月閉鎖を決定。アメリカはこの動きに対して、石油・屑鉄も輸出許可制とし、航空用ガソリンの対日輸出を禁止した。九月、日本の三国同盟締結、北部仏印進駐に対して、屑鉄についても対日禁輸を決定。そして、翌年一九四一年八月、南部仏印進駐に対する石油の対日禁輸措置によって、対日全面禁輸となったのである。イギリスも、同年五月、イギリス本国および英領マレーからの日本へのゴム輸出を禁止するなどの対日禁輸措置をとっていた。

さて、八月九日、北方武力行使の延期を決定した参謀本部は、即日、一一月末を目標に南方への対英米作戦準備を促進することを内容とする、「帝国陸軍作戦要綱」を決定した。また、八月一三日には、「南方作戦構想陸軍案」をまとめた。それは、一二月初旬に開戦し、翌年五月までに、香港、マレー半島、シンガポール、西部ボルネオなどの英領植民地、米領フィリピン、グアム、蘭印の攻略を完成する。開戦に向け、九月中旬から一一月末までに必要な兵力の動員と集中をおこない、輸送用船舶一五〇万トンを徴用する、などの方針を内容としていた。田中ら参謀本部は、北方武力行使を断念するや、即座に全面的な南方武力行使実施の準備に入ったのである。

なお、八月上旬、陸軍省戦備課は、あらためて物的国力判断の検討をおこない、南方作戦は持続可能との結論を出していた。三月の判断では、開戦二年度末に石油不足となる不安ありとされていたが、今回は石油備蓄量予測の修正により持続可能とされたのである。

三、南部仏印進駐とアメリカの対抗措置

ところで、南部仏印進駐について、武藤ら軍務局は、米英と戦争にならない範囲で南進し、南部仏印を進駐の限度とする、と考えていた。だが、実際は南部仏印進駐を契機に、アメリカの対日石油全面禁輸措置を受け、対米英開戦となっていく。

一般には、陸海軍首脳部、幕僚は、アメリカの対日石油全面禁輸をまったく予期していなかったとされている。では、武藤は、アメリカの対日石油全面禁輸措置の可能性をまったく考慮に入れていなかったのだろうか。七月二一日に南部仏印進駐要求をフランス側が受諾した翌々日の七月二三日、武藤は、次のような発言を残している。

南部仏印進駐は、日仏間の協定成立により、武力行使をともなわない平和進駐となった。だが、諸々の情報を総合するに、「米国の資金凍結」、英国の輸出統制など一連の経済圧迫を受けることは当然予期しておかなければならない。「米国よりの物資移入はもはや全然これを期待し得ざるべし」、と。

南部仏印進駐が武力行使によらなくとも、アメリカの対日禁輸強化を引き起こし、石油を含む全面禁輸となる可能性も考慮していたのである。実際に、その二日後の七月二五日、アメリカは在米日本資産を凍結し、翌二六日にはイギリスがこれにならい、八月一日には、アメリカが対日石油全面禁輸に踏み切った。

ちなみに、野村駐米大使は、アメリカの対日禁輸は残すところ石油のみである。アメリカは、何かあれば、石油についても全面禁輸の断行に躊躇しないだろう。そして、もし独ソ戦に関連して南方武力行使の実施を決意しているなら、日米関係調整の余地はまったくなくなる、との情報を外務省に寄せていた。武藤が軍務局長として外務省から得ていた情報には、このような野村情報も含まれていたと思われる。実際の南部仏印進駐において直接の武力行使はなされなかったが、武力による威嚇によってフランス側に進駐を強要したことは、野村の危惧していた事態だったといえよう。

さらに武藤は、こうも考えていた。これら米英からの経済圧迫が現実にますます強化されてくれば、万難を排してこれを打開しなければならない時期が到来する。そのときは対英米軍事衝突を意味し、その事をあらかじめ覚悟しておかなければならない、と。つまり、南部仏印進駐が、対日全面禁輸を引き起こすのみならず、さらにそのことが対米英戦につながっていく可能性も考慮に入れていたのである。

なお、豊田外相も、七月二四日の大本営政府連絡会議で、南部仏印進駐によって、アメリカは重要物資（綿花、石油など）の輸出禁止、資金凍結などを実施する可能性がある、と述べている。だが、石油禁輸は懸念されるが、全面的に石油禁輸をやるかどうかは不明だ、との見方だった。

ではなぜ、アメリカの対日全面禁輸の可能性も想定していたにもかかわらず、武藤は、南部仏印進駐の実施に踏み切ったのであろうか。その点について武藤自身は、田中ら参謀本部が「しゃにむにソ連に飛びかかりそうなので、それを防ぐのが狙いだ」、との言葉を残している。つまり、関特演を推進してきた田中ら作戦部が、対ソ攻撃にでるのを阻止するのが目的だったというのである。

これは、いったい何を意味しているのだろうか。南部仏印進駐がどのような意味で対ソ開戦を阻止する効果があると考えられていたのだろうか。というのは、南部仏印進駐は、北方武力行使を意図していた田中自身も推進していたものだったからである。海軍の一部にも、南部仏印進駐によって、対ソ開戦に逸《はや》る陸軍を南方に牽引しようとする動きがあったが、そこで念頭に置かれていた牽引力は、仏印側と陸軍との軍事紛争であったと思われる（そのころ海軍はまだ対米英戦を決意していなかった)。

だが、そのような事態への対応は、田中も事前に十分考慮に入れていた。たとえ南部仏印進駐によって仏印軍との軍事衝突が起こっても、対ソ開戦に影響がないよう、それに十分対応できるだけの大規模な部隊(約四万)を進駐させる作戦計画を立てていたのである。南部仏印進駐による仏印側とのトラブルは田中にとって想定内のことであった。したがって、南部仏印進駐それ自体では、対ソ開戦を阻止する力にはほとんどなりえなかったのである。

では、武藤は何を考えていたのだろうか。当時、関特演によって集結した陸軍大部隊が、ソ満国境において極東ソ連軍と一触即発の状態にあった。武藤は、田中作戦部長が、かねて好機を作為してでも武力行使に踏み切るべきだと主張していたことなどから、田中らがなんらかのきっかけをつかんで対ソ攻撃に出るのではないかと強く危惧していた。武藤の判断では、それは北方での対ソ戦と同時に、南方での対米英戦を引き起こすことになる、つまり同時に南北両面戦争となることを意味した。

武藤ら軍務局を含む陸軍省は、「北は希望、南は必然。北をやれば南は必ず火がつく」との情勢判断だった。つまり、南方進出は、大東亜共栄圏の建設にとっては「必然」的な要請だが、北方武力行使によるソ連の脅威の排除は、実現できれば望ましいという意味での「希望」にすぎない。また、日本が北方で対ソ戦に踏み切れば、ソ連を支援している米英は日本への資源供給を完全に断つだろう。ソ連の対独抗戦の継続が、英米にとって決定的に重要だからである。そうなれば、南方でも、日本は石油、天然ゴム、錫などの資源、とりわけ石油資源を求めて英領植民地や蘭印への武力行使を行わざるをえなくなり、結局対英米開戦となる、と予想していたのである。

陸軍省のみならず海軍も、資源的には何も得るところのない対ソ戦で消耗戦となり、米英から資源が断たれ、対米英開戦に追いこまれることを最も恐れていた。彼らにとっても、それは、南北両面での対米英ソ同時全面戦争という状況に陥る最悪の選択であった。

このころ武藤自身、南北両面戦争になることを避ける努力をしているが、南北同時戦争となる事態に立ち至るかもしれない、との趣旨の深刻な言葉を残している。

武藤は、南北同時戦争という最悪の状態に陥ることを阻止するには、むしろ彼自身対日禁輸強化となることを危惧していた南部仏印進駐実施を容認し、対ソ開戦が不可能となる状況をつくり出すしかないと考えていたのではなかろうか。南部仏印進駐は対ソ戦遂行が不可能となるような米英の対日禁輸強化の誘因となる可能性が高いと判断していたからである。

そもそも武藤は、北方武力行使、対ソ戦には反対で、田中ら作戦部が主張する関東軍の増強にも同意していなかった。だが、病休中に東条陸相によって田中からの要請が承認され、関特演が実施された。それは武藤にとって南北同時戦争を誘発しかねない危険な状況を生み出すものであった。対米英・対ソ南北同時戦争を回避するためには、対日禁輸強化の危険を冒してでも、対ソ攻撃を阻止する必要があると判断したのではないかと思われる。

事実、田中ら参謀本部は、南部仏印進駐によるアメリカの対日石油全面禁輪によって、北方武力行使を断念する。

武藤は、対ソ開戦によって南北同時戦争という最悪の状況に陥るよりは、たとえ対日全面禁輸を引き起こしても、なお日米交渉によって、対米戦を回避する可能性は残っていると考えたのではないかと思われる。それが、これ以後、田中ら作戦部の強力な反対を押し切って、武藤が日米交渉に全力を投入していく一つの重要な要因だったと推定される。

ところで、田中自身は南部仏印進駐の影響をどう考えていたのだろう。というのは、田中も南部仏印進駐にはもともと積極的で、それを対ソ戦準備と並行して推し進めようとしていたからである。むしろ武藤ら軍務局よりも熱心だったといえる。

田中は、南部仏印進駐の必要性について次のように考えていた。

仏印・タイは、日本にとっての第一補給圏であり、どのような場合でもこの地域の資源を欠いては、長期の国家総力戦に対応できない。したがって、対ソ戦遂行のためにも仏印・タイの確保は必須である。南部仏印への兵力進駐によって全仏印を実質的に掌握し、タイにもにらみを利かせることができる。また情勢によってはビルマ進駐のための基地にもなる。

しかし、もし米英が南部仏印を確保することになれば、日本の国防計画は南から崩れてくる。米英は、東南アジアのゴム、錫を必要としており、両国が先手を打って南部仏印を確保しようとする誘因はある。これに対して、進駐によって日本が南部仏印を戦略的に活用できるようになれば、日本にとって東南アジア全域に対する跳躍台となりうる、と。

なお、米英による南部仏印の先制占領は、海軍もまたその可能性を警戒しており、必ずしも田中の突飛な発想ではなかった。アメリカは、七月七日、ドイツの機先を制してデンマーク領アイスランドに進駐しており、田中はそのことも念頭に置いていた。

だが、田中は、米英が本格的な武力行使によって日本の南部仏印進駐を阻止することはない、との判断をもっていた。一九四二年（昭和一七年）まではアメリカの対日戦争準備は整わないと分析していたからである。すなわち、アメリカはそれまでは本格的な武力行使に至るような行動には出ないと考えていたのである。

したがって、アメリカの対日石油全面禁輸によって、自らの予想を覆され、その準備に全力を投入してきた北方武力行使を急遽《きゅうきょ》中止せざるをえないこととなった。ちなみに、対日石油全面禁輸は、日本では「自存自衛」のための武力行使に至る事態と考えられていたが、アメリカ政府でもその危険を承知しながら、あえて踏み切ったのである。

ルーズベルト大統領らアメリカ政府は、戦略的にいわゆるヨーロッパ第一主義をとっており、欧州戦局を重視し、まずはドイツの打倒に向けて全力を振り向けるべきだとの考えで一致していた。それゆえ、イギリス本国への物的軍事的援助と対独参戦準備に全力をあげていた。

一方、対日政策としては、原則的には強硬策をとりながらも、対日戦を回避しながら、種々の牽制策によって日本の軍事的膨張を抑止しようとしていた。そのような対日牽制策として、外交上の警告、日米通商航海条約の破棄、重要物資の輸出制限、米艦隊のハワイ駐留、日本に抵抗している東南アジアの英領植民地や蘭印への援護、重慶国民政府への支援などの方法がとられていた。

したがって、アメリカ政府内でも、日本の南部仏印進駐への対応について、意見が分かれた。ホーンベック国務長官特別顧問（元国務省極東部長）らの対日強硬派は、対日圧力を強めれば日本は最終的に譲歩する、と判断していた。これに対して、グルー米駐日大使ら知日派は、日本を追い詰めると開戦に踏み切る可能性がある、と警告していた。

だが、ルーズベルト大統領は、在米日本資産の凍結と対日全面禁輸に踏み切った。

というのは、そのころルーズベルトらアメリカ政府は、独ソ戦において、ドイツの攻勢を受けソ連軍がきわめて危険な状況に陥っていると判断していた。そのため、ソ連の対独抗戦崩壊の危機感を強め、対英支援用軍需物資を急遽対ソ援助に大量に振り向けるなどの緊急の対応策をとった。そのことは同様の危機感からイギリス政府も了承していた。もし、ソ連の対独戦線が崩れれば、ソ連は敗北し、再びドイツがイギリス本土侵攻に向かうとみられていたからである。それは前回よりはるかに強力なものとなり、イギリスに本格的な危機が訪れると考えられていた。イギリスの屈服は、アメリカにとってヨーロッパでの足がかりを失うこととなり、安全保障上の許容しえない状況に陥ることを意味した。

そのような観点から、アメリカ政府は関特演によるソ満国境への日本軍の大動員に強い警戒感をもった。西部の対独戦で苦境にあるソ連軍が、東部から日本軍の攻撃を受ければ、ソ連にとって最悪の事態になることも想定されたからである。

それゆえ、日本の対ソ攻撃を阻止するため、南部仏印進駐の機を捉えて、対日全面禁輸という強硬措置に踏み切ったのである。日本に対して北進阻止のための最大限の圧力を行使することを決定した。そのことは日本の対米開戦の危険をはらむものだった。にもかかわらず、このとき、ソ連軍の崩壊をくいとめることが、アメリカ政府にとって喫緊の課題であったといえる。日本軍による北進の脅威が去れば、ソ連は極東軍を対独戦線の大幅な強化にあてることができる。それは当時のソ連にとって死活的な問題と判断されていた。

実際、アメリカの対日戦準備は、田中の予想したように、フィリピン基地の整備や重爆撃機の配備などがまだ完了しておらず、未完成な状況だった。にもかかわらず、対日戦の危険をはらむ、石油の対日全面禁輸に踏み切ったのである。それだけアメリカ政府の、独ソ戦におけるソ連崩壊への危機感が強かったといえよう。

南部仏印進駐に対するアメリカの対日石油全面禁輸は、一般には日本のさらなる南方進出を抑制するためだったと理解されているが、それとともに、北方での本格的な対ソ攻撃を阻止するためでもあったのである。もちろん、日本の南進抑制も対日全面禁輸の主要な目的の一つだった。アメリカにとって、日本のさらなる南進は、東南アジアの英蘭植民地攻略を意味した。そのような事態になれば、日本の海軍力によって、イギリスへのアジア英領植民地、オーストラリアなどからの物資調達が遮断される可能性があった。それはイギリスの対独継戦を困難にし、大英帝国の崩壊をもたらしかねない深刻な事態だと考えられていた。アメリカにとって、イギリスの崩壊は安全保障上絶対に阻止しなければならないことだったのである。

いずれにせよ、アメリカの対日石油全面禁輸と、その後の対日戦決意は、イギリスの存続のためにおこなわれたといえよう。

これ以後、武藤は日米交渉による対米戦の回避に全力を傾けていく。他方、アメリカの全面禁輸によって、北方武力行使を延期せざるをえなくなった田中は、強硬に南方武力行使、対米英開戦を主張し、武藤と激しく衝突することとなる。

なお、一般に、日米戦争は、中国市場の争奪をめぐる戦争だったと思われがちだが、それは正確ではなく、実際は、イギリスとその植民地の帰趨をめぐってはじまったのである。

事実、アメリカが中国を本格的に援助し、各種の対日制裁を実際に発動しはじめるのは、ドイツの対英攻撃がはじまる一九四〇年からで、それまではある程度の借款による支援にとどまっていた。一九三〇年代後半までは、対日輸出額は対中輸出額の七倍前後を占め、日本との戦争を賭してまで中国市場を守ることは、アメリカ政府にとって考えられないことであった。しかも当時日本の海軍力は米海軍を凌いでおり、日本に実力で対抗することは事実上困難だったのである。アメリカ国務省の対日強硬派ホーンベック極東部長も、アメリカは中国市場をめぐって日本と戦争する危険を冒すべきでないとのスタンスだった。

　だが、その後ドイツのイギリス攻撃が本格化し、イギリス本土が危機に瀕してくると、アメリカは、日本を中国に釘付けにするため、中国の対日抗戦力を強化すべく重慶政府援助を本格化し（一億四五〇〇万ドルの借款供与）、対日経済制裁を強めていく。もし日本が中国を制覇すれば、ドイツに協力して、シンガポールをはじめ東南アジアその他の英領植民地への攻撃に向かう可能性が強く、植民地からの物資補給を断たれたイギリスは、ドイツの攻撃に耐えきれず敗北する懸念があったからである。アメリカが日独伊三国同盟の締結に神経をとがらせたのは、そのような背景があったからだった。

第九章

日米交渉と対米開戦

真珠湾攻撃．燃え上がるホイラー飛行場（写真：読売新聞社）

一、交渉継続か開戦決意か

アメリカの対日全面禁輸措置を受け、豊田外相は、仏印以外の地域に進出する意図のないことをグルー米駐日大使に伝えた。また、ルーズベルト大統領にも、同趣旨の申し入れをおこなうとともに、日米間の通商関係の回復を求めた。また、その後ソ連に日ソ中立条約の履行を約束し、タイの中立保証に関する対英交渉を決定した。これらを含め豊田外相時の対米提案などアメリカとの対応には、すべて武藤軍務局長が自ら外務省に出向いて参画していた。こうして武藤は日米交渉に全力を傾けていく。だが、田中作戦部長らにとって、このような豊田外相の動きは容認できないものであり、したがって、それに同調している武藤にも批判的だった。

一方、近衛首相は、対米戦争を回避するため、ルーズベルト米大統領との首脳会談を希望し、八月八日、ホノルルでの日米首脳会談の開催をアメリカ側に提案した。対米譲歩を警戒する陸海軍幕僚の介入を排除して、両国首脳による直接会談によって戦争を回避することを意図したのである。近衛は、日米戦争回避のため、中国からの撤兵や三国同盟の実質的破棄など思い切った対米譲歩をおこなって日米妥協を実現し、陸海軍の頭越しに直接天皇の裁可を受けるかたちで承認・決定するという非常手段を考えていた。そして、日米戦争を絶対に回避し、日米国交調整の後、今後少なくとも一〇年間は「臥薪嘗胆《がしんしょうたん》」、日米平和を維持する決心を周囲に示していた。

この近衛の日米首脳会談構想に対して武藤軍務局長は、東条陸相と協議し、現政策の履行を条件に同意した。内心では、首脳会談による戦争回避に期待をかけていたのである。田中ら参謀本部は、近衛が三国同盟を弱める方向でルーズベルトと妥協することを危惧して強硬に反対した。だが、武藤は、首脳会談を陸軍が拒否すれば、近衛は内閣を投げ出す可能性があり、そうなれば政変を引き起こし、その責任を陸軍が負うこととなると、田中らを説得した。内閣更迭による政策転換を恐れる田中ら参謀本部は、やむなく、三国同盟を弱める約束をしないことを条件に了承した。

首脳会談の提案がアメリカ側に示されたころ、ルーズベルト米大統領は大西洋上でチャーチル英首相との会談に臨んでおり、八月一四日、英米共同宣言「大西洋憲章」が発表された。そこには、主権および自治を強奪されたものに主権および自治が返還されるべきこと、ナチ暴虐の最終的破壊などが含まれていた。日本を名指しはしていないが、侵略的膨張主義への批判と反ナチズムの理念を表明したものであった。九月には、ソ連もこの共同宣言に加わった。

大西洋会談から帰国したルーズベルト大統領は、八月一七日、野村駐米大使と会談し、二つの文書を手交した。一つは、日本政府が武力やその威嚇によって、隣接諸国に対する軍事的進出を図るなんらかの行動にでれば、アメリカ政府は必要な一切の措置をとる、との強い警告文だった。これは、日本のさらなる軍事的進出に対するアメリカの強硬姿勢を示したものといえた。もう一つは、首脳会談提案に対する回答で、アメリカが従来から主張してきた基本原則に適合するもの以外は考慮されないとし、日本政府のより明瞭な態度表明を求めた。

これに対する回答として、八月二八日、近衛首相の大統領宛メッセージと日本政府声明が、アメリカ側に示された。近衛メッセージは、両首脳の会談によって、これまでの行きがかりに捉われず、大所高所より太平洋全般にわたる日米間の重要問題を討議し、最悪の事態を回避したいとの趣旨のものだった。首脳会談にかける近衛の並々ならぬ熱意を示すもので、会談実現を強く訴えかけていた。そして、首脳間で大きな合意ができれば、個別的な細部の問題は、それに沿って会談後必要に応じ事務当局が交渉する方法を示唆していた。また政府声明は、日米間の具体的な懸案問題にはふれず、一般的原則的な態度を述べたものだった。

この政府声明の作成には、武藤軍務局長やその側近だった石井秋穂軍務課高級課員が当初から深くかかわっていた。彼らは、政府声明に陸軍側の意見を組みこみながら、そのことが首脳会談の障害にならないよう細心の注意を払っていた。

この間、近衛首相の意欲に接したグルー米駐日大使は、軍部の過激派を統制できる政治家は近衛以外にはなく、この機会を逃がすべきでないと、本国政府に意見を具申していた。

その後、野村駐米大使から、ルーズベルト大統領も首脳会談に乗り気なことが伝えられ、日本政府や陸海軍は、首脳会談の実現に備えて、随員の人選などを進めた。

九月三日、近衛提案に対するアメリカ政府の回答が示された。それは首脳会談には趣旨として賛成であるが、会談開催に先立ち、これまでの懸案事項について事前に日米間に一定の合意が必要だとしていた。そして、合意が必要な事項の一つとして、四月一六日、日米諒解案が提示されたさいにハル国務長官からアメリカの基本的態度として示された、いわゆるハル四原則があげられていた。さきにふれたように、野村駐米大使が日本政府に日米諒解案を送付したさいには、なぜかハル四原則にはふれていなかった。アメリカの基本的態度としてハル四原則を知らされた武藤軍務局長は、これは今後問題になるので検討しておくよう、部下に指示している。日米交渉におけるその重要性に気づいたのである。

さらに、ハル国務長官は、野村に対し、首脳会談実現の前提として、これまでの日米交渉で懸案事項として残されている「特定の根本問題」についての合意が必要である旨を伝えた。その「特定の根本問題」とは、中国撤兵問題、三国同盟問題、通商無差別原則の問題などが示唆されていた。近衛メッセージや政府声明では、中国撤兵問題や三国同盟問題にはまったくふれていなかった。通商無差別の原則については、太平洋地域のみならず全世界に適用されるべきであり、また近接地域間の特殊緊密関係は認められるべきとしながらも、基本的には承認する態度を示していた。

いずれにせよ、首脳会談の実現には、これら妥協困難な問題の解決が前提とされ、事実上会談の早期開催の見通しは立たなくなった。この段階で近衛の企図は、ほぼ水泡に帰したといえよう。このとき武藤は、もしアメリカ政府が無条件で会談に合意していれば、近衛の意図通り事が進んだ可能性が十分あったとの感慨を漏らしている。内心では首脳会談による日米妥結に期待をかけていたのである。

このアメリカ政府の回答を受け、日本政府は、その後対米提案の作成をはじめ、陸海軍の意見も含めた包括的な総合整理案の作成を進めていく。

その間、この首脳会談問題とは別に、アメリカの全面禁輸措置を受けて、陸海軍では新たな国策の立案が進められた。

全面禁輸の翌日八月二日、石井秋穂軍務課高級課員は、六月六日決定の「対南方施策要綱」にしたがって、南方戦争開戦を決意し作戦準備を進むべき、との方針を起案した。「対南方施策要綱」は、英米蘭などから対日禁輸を受けた場合は、自存自衛のため南方武力行使に踏み切ると定めてあった。石井はこの案を武藤軍務局長や参謀本部戦争指導班（参謀次長直属）などに提示した。武藤は、対米戦の主力は海軍となるので、南方戦は海軍の主導によらなければならないとして慎重な姿勢を示した。戦争指導班も対米英戦は海軍側の決意次第として同様な反応だった。彼らも対米戦争はできれば避けたいと考えていたのである。

田中作戦部長も、北方武力行使断念前の八月六日には、対米英戦は長期戦となり、軽々しく実行することはできない。断行するには不敗の長期態勢の確立を必要とする、との意見だった。田中もまた南北同時両面戦争には慎重だったのである。だが、後述するように、八月九日の北方武力行使延期後は対米英早期開戦論に傾斜していく。

一方、石油全面禁輸によって窮地に立った海軍は「帝国国策遂行方針」を作成し、八月一六日、陸軍側に提示した。その内容は、一〇月中旬を目途として戦争準備と外交を並進させる。一〇月中旬に至っても外交的妥協が成立しない場合は、実力発動の措置をとる、とするものであった。

これに対して田中作戦部長は、即時対米開戦決意のもとに作戦準備を進めるべきと強硬に主張し、戦争指導班（有末次《ありすえやどる》班長）に修正案の作成を命じた。田中によれば、海軍と異なり、陸軍の場合、国家レベルの開戦決意がなければ戦争準備を整えることは困難だったからである。海軍はその性質上開戦決意なくして本格的作戦準備をおこなうことが比較的容易だった。しかし、陸軍の戦争準備の主要なものは、大規模な人員の召集や、軍需物資の予想戦場方面への集積、輸送用船舶の大量徴用など、戦争決意が国家意志として示されないかぎり本格的には促進しえない性質のものだった。

しかし、田中の即時戦争決意論は、そのような物理的な理由からだけでなく、対米戦争の決意そのものを重視する意図からだった。戦争決意を既成事実化し、動かさざる大前提としようとするもので、戦争決意が主で、外交は従だ、との立場だった。また、田中が容認できるような内容での外交的妥結の可能性はほとんどないとみていた。したがって田中は、対米交渉を実質的には中止し、開戦企図を秘匿するための偽装外交にとどめ、戦争一本に絞るべきとの意見だった。

田中の意を受け、戦争指導班は、九月中旬に至っても外交的打開がおこなわれない場合は開戦を決意する旨の修正案を起案した。だが、田中作戦部長は即時戦争決意を確立すべきだとして、それにも同意せず、八月一九日、戦争指導班は、即時戦争決意を明記した「帝国国策遂行要領」案を作成した。同案は、田中作戦部長、杉山参謀総長らの同意を得て参謀本部案となり、陸軍省に提示された。だが、武藤軍務局長は、できるかぎり外交の余地を残そうとして、即時戦争決意には難色を示した。あくまでも日米交渉によって事態の打開を図ろうと考えていたのである。

八月二五日、田中作戦部長と武藤軍務局長の会談がおこなわれ、陸軍案となった。その骨子は、対米英蘭戦争を決意して、一〇月下旬を目途に戦争準備を整える。この間対米英外交をおこない手段を尽くして要求貫徹に努める。九月下旬に至っても要求が貫徹しえない場合はただちに対米英蘭開戦を決意する、との内容であった。田中の即時戦争決意論と武藤の外交重視論の双方を取り入れたかたちのものとなっていた。

陸軍案が戦争準備の目途を一〇月下旬としたのは、石油備蓄の減少、日米海軍戦力比率の推移、北方の安全な冬季に作戦行動をおこなう必要、マレー半島攻略の季節的条件などから、戦争開始時期を一一月はじめと考えていたからであった。なお、田中作戦部長は、後述するように、来年春季以降の北方武力行使の可能性も考慮に入れ、冬季中の南方戦遂行を考えていたようである。

その間、八月一七日のアメリカ政府の対日警告文について、田中は、単なる脅しとみるべきではなく、米英協議のうえの対日強硬策と判断していた。したがって、日米の艦艇比率や石油備蓄の関係などから、対米開戦は、本年中に、できれば秋までに実施されなければならないと考えていた。ちなみに、日米の艦艇比率は、アメリカの大規模な海軍拡張政策によって、昭和一六年は対米七割五分、昭和一七年は対米六割五分、昭和一八年は対米五割、昭和一九年は、三割程度となると推定されていた。つまり、来年以降は対米七割を切り、再来年以降は五割となり、とうてい対米戦に堪えることはできないものとなるとみていたのである。その段階で日米紛争が起きれば、軍事的対抗力を欠く日本はアメリカに屈せざるをえないこととなる。したがって、もし日米首脳会談などによって外交的妥協がなされるとしても、数年間のものでは意味がなく、十数年はつづくものでなくてはならない、との意見であった。

八月二七日、陸海軍部局長会議が開かれ、陸軍案についての検討がおこなわれた。その席上、岡敬純《おかたかずみ》海軍軍務局長は、対米交渉が決裂しても、すぐ開戦決意するのではなく、欧州情勢を見て開戦を決すべきだ、と主張した。田中作戦部長は、九月下旬に至って要求が貫徹できない場合は外交を打ち切り開戦を決意すべきだと反論した。田中自身、このころ、できれば対米戦は回避したいと考えているのは、参謀本部も含め陸海軍ともに同様だ。しかし、一定時期までに外交的妥結ができなかった場合、陸軍は対米戦の決意をしなければならないと判断している。この点について、海軍側の真意がどこにあるのかわからない、との感想を残している。最強硬派の田中作戦部長でさえ、対米開戦はできれば回避したいと考えていたのである。だが、アメリカの対日全面禁輸の事態に至り、一定の時期までに対米国交調整が不調に終われば、開戦せざるをえないと判断していた。武藤軍務局長はその間の外交交渉に賭けていたといえよう。しかし、海軍は、なお態度が定まらなかった。

翌二八日、戦争指導班が、「対米英蘭戦争を決意して」を、「対米英蘭戦争の決意のもとに」とする修正案を示した。海軍側は、開戦決意の時期を九月下旬から、一〇月中旬に変更する条件で修正案に同意した。だが、田中作戦部長は、開戦決意の時期は、遅くとも一〇月上旬とすること、開戦決意時期において政変などによる国策変更をおこなわないこと、を要望した。

八月三〇日、陸海軍部局長会議が開かれ、議論のすえ、「帝国国策遂行要領」陸海軍案がほぼ決定され、九月二日に、陸海軍で正式決定された。その主な内容は次の通りである。

一、対米英蘭戦争を辞せざる決意のもとに、一〇月下旬を目途として戦争準備を整える。
二、これと並行して米英に対し外交手段を尽くして要求貫徹に努める。
三、一〇月上旬ごろに至っても要求が貫徹できない場合は、ただちに対米英蘭開戦を決意する。

陸軍案からみると、「対米英蘭戦争を決意し」から「対米英蘭戦争を辞せざる決意のもとに」と修正され、開戦決意の時期は、九月下旬から一〇月上旬となった。

九月三日、大本営政府連絡会議が開かれ、御前会議に提案する国策の原案が承認された。そこで、陸海軍案の「要求が貫徹できない場合」が、及川古志郎《こしろう》海相の提案をもとに、「要求を貫徹する目途のない場合」に修正された。目途があるかどうかは判断の問題となり、開戦決意も、その判断によって、時期的な幅をもたせることができるようになったのである。

この陸海軍案の一部修正されたものが、九月五日、そのまま閣議決定された。

九月六日、御前会議が開かれ、閣議決定「帝国国策遂行要領」が承認された。一〇月上旬ごろに至っても要求を貫徹する目途がない場合は、ただちに対米英蘭開戦を決意することが、国家意志の最高機関レベルで正式に決定されたのである。

この御前会議において、昭和天皇が自身の意志を明治天皇の御製に託して発言したことはよく知られている。この発言について武藤軍務局長は、自らの意図に重ねて「これは何でも彼《か》んでも外交を妥結せよとの仰せだ」と軍務局内の部下に伝えている。なおこのころ、服部卓四郎作戦課長は、自分は戦争を固く決心し絶対に変えない、陸相は何度でも参内して天皇に開戦の必要な理由を説得すべきだ、との意見を石井軍務課高級課員に伝えている。天皇の意志にしたがうのではなく、天皇をあくまでも自らの意見にしたがわせようとする、服部の

「確信犯」的な異様さに、石井は強い印象を受けたようである。

その間、近衛首相は、驚くべきことに、大本営政府連絡会議、閣議、御前会議のいずれにおいても、対米英蘭開戦決意についての異議ないし反対の意思表示をしていない。さきにふれたように、日米戦争絶対回避、対米大幅譲歩による一〇年間の臥薪嘗胆の決心を表明していたにもかかわらずである。陸軍の抵抗により総辞職に追いこまれることを恐れたのであろうか。それとも外交交渉による戦争回避の自信があったのだろうか。いずれにせよ首相の地位にある政治家としては不可解といわざるをえない。

これ以後、すべては一〇月上旬までの日米交渉に焦点が絞られていく。「帝国国策遂行要領」の決定には、いうまでもなく武藤軍務局長も同意しており、一〇月上旬の期限まで日米交渉に全力で取り組むこととなる。武藤自身、日米交渉に期限を切ることは、田中と同様、石油消費や対米戦力比の推移などの軍事的考慮から、容認していたと思われる。

まず、日米交渉における日本側要求の内容が問題となった。

八月一七日、ルーズベルト大統領およびハル国務長官から、日米首脳会談への回答を受け取った日本政府は、外務省や陸海軍を中心に、日米交渉に向けての包括的な総合整理案の作成を進めていた。また、九月六日御前会議決定の「帝国国策遂行要領」には、付属の「別紙」として、対米交渉における要求事項と約諾の限度が示されていた。これは、主に陸軍の意見によるものであった。なお、一ヶ月前の内閣改造（第三次近衛内閣成立）によって、松岡外相は更迭され、豊田外相となっていた。

九月二五日、これらをもとに日本側提案がまとめられアメリカ政府に通知された。その内容は、ハル国務長官が問題とした「特定の根本問題」を念頭に、次のような論点を含んでいた。

三国同盟問題については、同盟の解釈と実施は自主的にこれをおこなう。中国撤兵問題については、一定地域において日本軍および艦船を所要期間駐屯させる。通商無差別原則問題については、同原則は世界的に適用されるべきもので、また隣接諸国間における自然的特殊緊密関係を必ずしも否定するものではない。日本は中国における重要国防資源の利用開発を主とする日中経済提携をおこなうが、これは公正なる基礎においておこなわれる第三国の経済活動を制限するものではない。

この日本側提案がまとめられるまでには、さまざまな軋轢《あつれき》があった。まず三国同盟については、田中作戦部長が三国同盟の義務の明記を主張し、外務省案を基礎とする最終案を容認する武藤と激論になった。

田中は、ドイツとの同盟を重視し、それを犠牲にするかたちで日米妥結を図ることには批判的だった。だが田中の主張するように三国同盟を堅持する方針を明示すれば、日米交渉は暗礁に乗り上げることは明らかだった。日米交渉に最後の期待をかける武藤にとって、それはとうてい受け入れられないことであり、修正を認めなかった。このような両者の意見の相違は、後述するように、両者のナチス・ドイツ評価や対米戦略構想の相違が背景となっていた。

なお、アメリカは対独参戦した場合、日本が三国同盟によって自動的に対米開戦するのではないかと危惧していた。三国同盟問題についての主要な論点は、このことにあった。だが、日独間では、秘密の交換公文によって、対米参戦は日本の自主的判断で決める旨の了解がドイツ駐日大使との間で、すでに成立していた。海軍も三国同盟の解釈として当初からそのような立場だった。陸軍もまた参謀本部を含めて、参戦の時期と方法は自主的に決定するとの態度を示していた。この参戦時期の自主的決定は、アメリカの危惧する自動参戦を必ずしも意味するものではなかった。

中国撤兵問題では、外務省は、当初、中国よりできるかぎり速やかに撤兵するとの全面撤兵案を示した。これに武藤陸軍軍務局長や岡海軍軍務局長らも加わり修正がおこなわれ、日中間の協定に従い中国よりできるかぎり速やかに撤兵するとの案となった。日中間の協定に従い、の文言を入れることで、駐兵の余地を残そうとしたのである。これについて武藤は、「駐兵と書けば明らかに先方［アメリカ］がこだわるから」との言葉を残している。武藤自身、一定の駐兵を意図していたのである。

しかし軍務局内部でも、この案では駐兵が曖昧《あいまい》になるとして、結局、内蒙および華北への日本軍の駐屯を要求することとなった。内蒙・華北への駐兵の名目は「防共駐兵」とされたが、主要には軍需資源確保とその開発のためのものであった。それに海軍が海南島など華南沿岸地方への艦船部隊駐留の追加を主張し、最終的には、参謀本部の主張もあり、駐兵地域は単に「一定地域」とされた。地域の特定を避けたのである。このような日本側の駐兵要求は、アメリカ側の主張と大きく齟齬《そご》するもので、これ以後の日米交渉の焦点となっていく。

通商無差別問題については、原則的に認めながら、隣接諸国間の自然的緊密関係の容認のかたちで、重要国防資源の利用開発のため日中経済提携の了承を求めるものであった。このように地理的近接性による日中関係の特殊性を強調しながらも、第三国の経済活動を制限しないとして、機会均等原則を否定するものではないとの姿勢を示した。

この九月二五日の日本側提案について、外務省は、武藤陸軍軍務局長や、岡海軍軍務局長と打ち合わせのうえで、補足的な対米応答案を野村駐米大使に訓電した。

そのなかに、三国同盟についてさらに譲歩の余地ありと解釈される部分、日中和平条件に南京汪政権との既定の協定を軽視しているとみられる部分があるとして、田中作戦部長ら参謀本部は憤慨《ふんがい》した。田中は、対米応答案作成に加わった武藤軍務局長室に乗りこみ、厳重に抗議したため、二人は怒鳴りあいの大激論となった。

田中が去ったあと武藤は、田中との調整で精根が尽きる、との感懐を漏らしている。それほどこの時期の二人の対立は激しかったといえる。

なお、同九月二五日の大本営政府連絡会議において、杉山元陸軍参謀総長、永野修身《おさみ》海軍軍令部総長より、開戦決意の時期は遅くとも一〇月一五日までとするを要すとの提案があり、了承された。「帝国国策遂行要領」において、一〇月上旬ごろとされていた開戦決定の時期が一〇月一五日までと、はっきり期限が切られたのである。これは、田中作戦部長が起案させたもので、海軍側が一一月一六日を開戦第一日と想定していることから逆算して、一〇月一五日までには政策の転機が必要との判断からだった。

一〇月二日、ハル国務長官から覚書のかたちでアメリカ側回答が示された。それは、あらためて四原則を強調するとともに、三国同盟では日本の措置を多としながらも、さらなる態度の闡明《せんめい》を求めていた。さらに、不確定期間中国特定地域に軍隊を駐屯させる要望は、異議の余地ありとして否定し、日本軍の仏印および中国からの撤退を明確に宣言する必要があるとしていた。また、日中間の地理的条件による特殊緊密関係についても異議を唱えていた。

このハル覚書を受け、外務省は、対米回答を起案した。それは、日中和平成立後原則二年以内に撤兵、内蒙・華北の一部、海南島は五年間駐兵もありうる、との主張を含むものであった。

一〇月五日、武藤軍務局長、田中作戦部長ほか省部幕僚中枢は、陸相官邸において陸軍のとるべき態度を検討した。その結果、参謀本部戦争指導班の記録によれば、外交の目途なし、速やかに開戦決意の御前会議を奏請するを要す、との結論に達した。ただ、石井軍務課高級課員の記録では、外交の目途なしとの考え方は一致したが、武藤軍務局長は、同様に判定しつつも、御前会議の気運などはとても芽生えていないとみていた、とされている。武藤はなお開戦決意には慎重だったのである。

この日の夕刻、東条陸相は近衛首相と会談した。東条は、アメリカの態度は、ハル四原則の無条件承認、駐兵拒否、三国同盟離脱であり、これらは譲れないと述べた。近衛は、駐兵が問題の焦点であり、一律撤兵を主旨とし、資源保護などの名目で若干駐兵させることにしてはどうか、との意見だった。東条は、それでは謀略となり後害を残す、として反対した。また近衛は、英米可分ではないか、対米戦回避の方法はないかとも質した。東条は、海軍の戦略上不可能だとされており、今は不可分を基礎としている、と否定した。

同日、海軍でも首脳部会議が開かれ、交渉継続の方向で近衛首相が東条陸相と会談し、交渉期限の延長や条件の緩和を話し合うことを、首相に進言することとなった。

翌六日、陸海軍部局長会議が開かれた。ここで海軍側は、駐兵に関し考慮すれば、外交の目途はあると主張したが、田中作戦部長はまったく取り合わず、陸海軍の意見が対立した。しかも、海軍側から南方戦争に自信なし、英米分離の方法はないかなどの発言があり、議論は結局物別れに終わった。

七日朝、及川海相は東条陸相に対し、交渉継続の余地があり、期限に余裕が必要だと申し入れ、この場かぎりとしながら、戦争勝利の自信はない旨を述べた。東条は、外交に目途なしとしながらも、開戦については海軍に自信がなければ考え直すと答えた。

同日、武藤軍務局長は、富田健治内閣書記官長に対し、「駐兵も最後案ともならば考慮の余地あり。また交渉をなすべし」、との意見を伝えている。武藤は、中国駐兵についても最終的には対米交渉において、なお譲歩の余地があると考えていたのである。

このころ、参謀本部では、武藤ら軍務局が駐兵について変更を可とする意図あり、として、駐兵の表現形式については変更絶対不可との意見を陸軍省に送っている。参謀本部戦争指導班では、武藤軍務局長の態度は不可解だとみられていた。

この日(七日)の夜、近衛・東条会談がおこなわれた。ここで、近衛が、駐兵に関しては撤兵を原則とすることとし、その運用によって駐兵の実質をとることにできないか、と意見を述べたが、東条は、絶対にできないと拒否している。

だが、翌八日、東条陸相は、及川海相を訪ね、「支那事変にて数万の精霊を失い、みすみすこれ[中国]を去るは何とも忍びず。ただし、日米戦とならばさらに数万の人員を失うことを思えば、撤兵も考えざるべからざるも、決しかねるところなり」と述べている。最後に撤兵問題のみで対米交渉がまとまるなら撤兵を考慮する意志をほのめかしたのである。東条も近衛には強く撤兵を拒否しながらも、なお動揺していたといえる。

このように、武藤のみならず、東条もまた、交渉の最終段階では撤兵も考慮せざるをえないのではないかと迷いを示していた。

東条について、一般には、中国から撤兵すれば日中戦争に注いだ同胞の血を無にし、それまでの戦争の意味がなくなるとして、撤兵を絶対に許容しなかったとされている。だが、東条は第一次世界大戦後のドイツに駐留し、勝敗にかかわらず国家総力戦が膨大な犠牲をともなうことは十分に承知していた。また日米戦が長期の国家総力戦となることは想定されており、その犠牲が、日中戦争でのそれを、はるかに超えることとなることは当然東条にも予想されたのである。したがって東条は、単純に日中戦争の犠牲という既成事実に引きずられて、撤兵問題を判断したわけではなかった。後述するように、彼が中国からの全面撤兵を結局容認できなかったのは、また別の要因があったと考えられる。

このように政権中枢の近衛首相、東条陸相、及川海相は、個別に会談をつづけた。近衛と及川はそれぞれ交渉継続の観点から、駐兵問題での陸軍の譲歩を求めたが、東条は譲らなかった。

そこで、及川海相は、近衛首相が自身の決意で、政局を交渉継続、撤兵の方向にリードしてもらいたい。それに海軍は全面的に賛成するとの意向を近衛に伝えた。だが、近衛は、その件は陸海軍で話し合ってくれと、最終的な政治責任を負うことをあくまでも回避した。及川も海軍の判断によって戦争回避の全責任を負うことはできなかった。

その後も、武藤軍務局長は、富田内閣書記官長に、海軍が本当に戦争を欲しないなら、はっきりそれを海軍のほうから言ってもらいたい。そうすれば陸軍部内の主戦論を抑える。海軍がそういうふうに言ってくれるよう仕向けてもらえないか、と申し入れていた。海軍側にも、武藤軍務局長が、海軍が戦争しないといってくれれば、中国からの撤兵にも応じると言明している、と伝わっていた。

このような武藤の動きに対して、田中作戦部長は、陸軍部内の強硬論を抑えるための策動だとして強い批判をもっていた。

東条陸相も、御前会議の決定を尊重すべきとの基本的態度だったが、海軍にもし自信がないなら、九月六日の御前会議決定を白紙に戻し、責任者はすべて辞職すべきだ、との意見も表明していた。

想定される対米戦争の重圧と、田中ら参謀本部からの圧力に苦しむ武藤や東条は、海軍が対米戦に自信がなく、それゆえ交渉継続を主張しているのを承知していた。そこで海軍側に戦争に自信なしと明言させ、できれば開戦を回避したいと考えていたようであるが、海軍も、組織内外の条件から、それは一貫して避けていた。

またこのころ武藤は、外交交渉はなお可能性があり、開戦決意の段階に入っていないと意見を示している。また、たとえ開戦決意後であっても、外交的妥協の可能性を探るべきとの姿勢だった。

一〇月一五日の開戦決定の期日が迫るなか、一〇月一一日、野村駐米大使から、首脳会談は絶対実現の見込みなし、との電文が到着した。それに接した陸軍の省部幕僚は、開戦決意に意見一致し、大本営・政府レベルでの決定を促進しようとした。だが、武藤軍務局長は、開戦決意のもとに対米外交を強硬におこなうべし、として彼らの動きを抑えた。参謀本部幕僚は、武藤の動きを不可解とし、陸軍の態度を混迷に陥れている元凶は武藤だと、憤慨していた。

野村大使電を受け、翌一〇月一二日、東京荻窪にある近衛の私邸荻外荘《てきがいそう》で、近衛首相、東条陸相、及川海相、豊田外相、鈴木（貞一）企画院総裁による五相会談がおこなわれた。

会談では、及川海相が、外交で進むか戦争かの岐路に立っている。その決は総理が判断すべきものだ。もし外交で進み戦争を止めるのならばそれでもよい、と意見を述べた。これに東条陸相が、納得できる確信がなければ、総理が決断しても同意はできない、と反論。近衛首相は、外交でやると言わざるをえない。戦争に私は自信がない。自信のある人にやってもらわねばならぬ、と発言した。東条は、これは意外だ。それは「国策遂行要領」を決定するときに論ずべき問題でしょう、と述べるなど、ついに意見は一致しなかった。

木戸内大臣の日記によれば、東条の発言は、日米諒解案の成立は見込みなしとして、重大決意を要望す。ただし成立に確信ありとの納得しうる説得を聞くを得ば、もちろん戦争を好むものにあらず、となっている。

なお、前日夜、近衛首相の意を受けて富田内閣書記官長が、岡海軍軍務局長を訪ね、海軍として首相を助けて戦争回避、交渉継続の意志をはっきり表明してもらえないだろうか、と依頼した。岡局長は富田書記官長とともに海相官邸に赴いた。及川海相は、海軍として戦争できる、できぬ、などと言うことはできない。外交交渉を継続するかどうかを首相の決定にゆだねる、との意見を表明するので、近衛公は交渉継続ということに裁断してもらいたい、と述べた。五相会談での及川海相の発言は、この動きを背景とするものだった。

翌日の閣議でも意見は一致せず、一〇月一六日、近衛内閣は、ついに総辞職した。後継首班については、重臣会議が開かれ検討された。重臣会議は、木戸幸一内大臣のリードで、後継首班に東条陸相を奏薦。東条に組閣の大命が下った。そのさい木戸内大臣は、九月六日御前会議決定の白紙還元を求め、東条は了承した。「国策遂行要領」が、白紙に戻されたのである。

二、東条内閣の成立と日米開戦への道

一〇月一八日、東条英機内閣が成立。陸相は東条が兼任した。政府は、すぐに、陸海軍を含め国策の再検討に入り、一〇月二二日から三〇日まで連日、大本営政府連絡会議で議論がおこなわれた。

参謀本部において田中ら作戦部は、即時に開戦決意をなすべきと強く主張した。田中は武藤軍務局長にその旨を申し入れたが、武藤は同意しなかった。やむなく参謀本部は、二一日、一〇月末に至るも我が要求を貫徹できない場合は、対米国交調整を断念し開戦を決意す、と

の結論を示した。一〇月末日まで一週間程度の外交交渉を認め、それ以後は交渉を打ち切るべきだとするものであった。

東郷茂徳《しげのり》外相はじめ外務省は、国策再検討の動向にかかわらず、対米交渉を続行すべきとの意見であり、武藤ら軍務局も同様であった。

武藤軍務局長は、一〇月二〇日ごろ、万人が納得するまで手段を尽くして遂に戦争となれば、国民も奮起する。また、もし日米妥協が成立し日中戦争が解決されれば、国民からこの上もなく感謝されるだろう。したがって、日米交渉に最後の努力を傾注する必要がある、と東条首相に進言した。東条もこれに同意している。

二一日、東郷外相は、野村駐米大使に、新内閣においても日米国交調整に対する熱意は前内閣と異なるところはない、との訓電を発した。この訓電作成には、外務省の要請により武藤軍務局長も参画していた。これを知った参謀本部の幕僚たちは当部の意見をまったく無視したものだとして武藤を非難。武藤への不満を募らせた。

東条英機

だが、武藤も、アメリカは現状維持論、日本は新秩序建設論で、その主張には根本的な相違がある。また、内閣更迭、東条内閣成立により、日中戦争解決の条件は不変となり、その条件についても、一定の限度より譲歩して妥協することはありえない、との認識を示していた。日米交渉において、武藤といえども、新秩序建設や日中戦争解決条件の一定の限度は譲れないとの姿勢であった。のちにみるように、一定の限度とは、武藤自身が日本の「自衛的生活圏」としていた、内蒙・華北の資源確保とそのための駐兵を意味していた。

さて、大本営政府連絡会議での国策再検討の内容のポイントは、欧州戦局の見通し、物的国力判断の問題、対米交渉条件の緩和などであった。

欧州戦局の見通しについて、陸海軍統帥部（陸軍参謀本部、海軍軍令部）は、独英戦・独ソ戦ともに持久戦となり長期化するとしながらも、ドイツの優勢、長期不敗は揺るがないと判断していた。だが、東郷ら外務省は、イギリスが独ソ戦間の余裕により国力を回復しつつあり、来年は独英間は五分五分に、再来年はイギリス優勢となりドイツが苦境に立つとの予測だった。だが、この外務省の見通しは重視されなかった。

物的国力判断は、南方資源の海上輸送の確保と船舶損耗量が問題となった。だが、民需用船舶三〇〇万トンを常時使用できれば、戦争の継続遂行に耐えうる国力の維持と国民生活の最低限の確保は可能とされた。

対米交渉条件の緩和については、外務省の提案をもとに議論がおこなわれ、次のように合意された。

一、欧州戦争への態度つまり三国同盟の問題は、従来通り。すなわち参戦決定は自主的におこなう。さらに、同盟条約中の自衛権の解釈を拡大しない旨を加えた。

二、ハル四原則については、アメリカ側の主張を認める。条件付きで主義上同意などの留保を付けない。

三、通商無差別の原則は、全世界に適用されるべきとしたうえで承認する。近隣諸国との地理的特殊緊密関係に基づく重要国防資源開発など特恵的な日中経済提携の主張はおこなわない。

四、中国における駐兵問題は、従来通り、蒙疆・華北・海南島に駐兵する。交渉においては所要期限二五年とするも可。ただし、それまでの対米交渉では、駐兵は一定地域として特定していなかったが、蒙疆・華北・海南島に限定。それ以外は二年以内に撤兵。

これらは、駐兵問題以外はかなり譲歩したもので、この合意が、ほぼそのまま対米提案の甲案となる。

これらのなかで、駐兵問題が最も議論となった。東郷外相は、全面撤兵を主旨とし、一定の期限を付けて前記特定地域にのみ五年間の限定的な駐兵を認めさせる案を示した。杉山参謀総長・塚田攻参謀次長は、期限付き駐兵は容認できないとして強硬に反対した。東郷も、期限付き駐兵が認められない場合は辞職する決意で、頑強に自説を譲らず、激論となった。

そこで東条首相が、永久に近い言い表し方として、九九年から二五年までの案を示したうえで、二五年案を提議し、参謀本部側もやむなく二五年の期限を受け入れた。東郷は、二五年案でも交渉成立困難と考えていたが、いったん期限を付けておけば、アメリカ側から異論がだされた場合、あらためて柔軟に対処することができると判断していた。この点は、一一月二日、東郷自身が東条に了解を求め、東条も同意したようである。

大本営政府連絡会議での国策再検討の最終日、一〇月三〇日、東条首相は、一一月一日には国策を決定したいとして、次の三案を示した。

第一案　戦争することなく臥薪嘗胆する。

第二案　ただちに開戦を決意する。

第三案　戦争決意のもとに、作戦準備と外交を並行させる。

翌三一日、田中作戦部長が主導する参謀本部部長会議は、即時対米交渉を実質上打ち切り、開戦を決意する。開戦は一二月初旬とし、今後の対米外交は開戦企図を秘匿するための偽装外交とする、との方針を決定し、これが東条提示三案への参謀本部の結論となった。なお、すでに、海軍軍令部の作戦上の要請をもとに、開戦第一日は一二月八日とするとの了解が、陸海両統帥部間で成立していた。

武藤ら軍務局は第三案であり、東条首相も一一月一日朝の杉山参謀総長との会談で第三案を主張した。

一一月一日の大本営政府連絡会議は、まず東条が示した三案の検討をおこなった。第一案臥薪嘗胆論について、東郷外相と賀屋興宣蔵相は今戦争する必要はないと思う、との意見を表明したが、陸海軍統帥部が強く反発し、了承されなかった。

次に第二案について、参謀本部から、さきの方針が示され、東郷外相が、なんとか最後の外交努力をおこないたい、偽装の外交などはできないと強硬な姿勢を示した。東郷はまた、外交には、成功見込みのある交渉期間と条件が必要だと主張した。参謀本部側は、一一月一三日までと、外交期限を切ろうとしたが、東郷はこれにも反対し、激論となった。

休憩時間に杉山参謀総長は、田中作戦部長を呼び寄せ協議した結果、外交期限は一一月三〇日までとの譲歩をおこなった。参謀本部内での田中の発言力を示すエピソードといえる。

このように外交期限が問題となってきたので、議論は第三案を含めた討議となった。会議は、戦争を決意す、開戦は一二月初旬、外交は一二月一日午前〇時まで、と決定した。

次に外交交渉の条件の検討に入り、東郷外相は、さきの内容の甲案とともに、突然、それまで非公式にも議論されたことのない乙案を提案した。その内容は、日本が南部仏印から撤退する代わりに、アメリカは日本に石油を供給する。また両国は蘭印における必要な物資の獲得に相互に協力する、との暫定協定案だった。

これは、幣原喜重郎元外相の発案になるもので、いったん日米関係を南部仏印進駐、対日全面禁輸以前の状態に復帰させ、ひとまず日米緊張の沈静化を図ろうとするものといえた。駐兵問題を含む甲案での妥結は困難が予想されるので、別案として乙案を用意し、暫定的な妥結を図ろうとの意図からであった。

この乙案に杉山参謀総長、塚田参謀次長は猛烈に反発した。だが、武藤は、休憩中に、東条も交え、杉山、塚田に、乙案を拒否すれば、外相辞職、政変となることも考えられる。その場合には次期内閣は非戦となる公算多く、開戦決意までには、さらに日数を要することになる、と乙案受け入れを説得した。杉山らは、日中戦争解決を妨害しないとの趣旨の文言を入れることを条件に、この説得を受け入れ、乙案は承認された。これにより東条三案の結論は、実質的に第三案となった。

乙案採択を聞いた田中作戦部長は憤然として極度の不満を露わにした。乙案は妥結の可能性大なりと判断していたからである。対米戦をすでに決意していた田中にとっては、絶対に許しがたいことであり、説得に動いた武藤に怒りが向けられた。田中は作戦部長名で、武藤軍務局長に、乙案妥結し国防弾発力に支障なきや、との詰問的な正式文書を送っている。

なお、この大本営政府連絡会議での国策再検討の早い時期、東条首相は嶋田繁太郎《しげたろう》海相に、次のような趣旨を述懐している。今さら後退しては日中戦争二〇万の精霊に対して申し訳ない。しかし、日米戦争となれば、さらに多数の兵士を犠牲とすることとなり、まことに思案にくれている、と。これは、さきにふれた、及川海相への述懐と同内容のもので、東条自身、日米戦に踏み切るべきかどうか、この時点でもかなり迷っていたといえよう。

だが、嶋田海相は、数日間の会議の終盤、沢本頼雄海軍次官や岡敬純軍務局長ら海軍省幹部に、数日来の空気より総合すれば、大勢を動かすことは難しい。ゆえに、このさい戦争の決意をなし、今後の外交は大義名分が立つように進め、国民一般が正義の戦いだと納得するよう導く必要がある、と語った。戦争決意を示したのである。嶋田は会議前には、外交はぜひ実行したい。できるだけ戦争は避けたい、と語っていた。沢本次官も、日米戦は結局長期戦となり国力に依る次第ゆえ、海軍としては自信なし、と海軍首脳部内で明言していた。沢本は、嶋田の開戦決意に対して、大局上戦争を避けるを可とする、と同意しなかった。だが、嶋田は、このさい海相（自分）一人が戦争に反対したために時期を失したとなっては申し訳がない、として沢本らを押し切った。これにより、一貫して開戦に慎重姿勢をとってきた海軍省が、開戦容認に転換したのである。永野修身軍令部総長ら海軍軍令部は、すでに開戦を決意していた。

一一月二日、大本営政府連絡会議は、再検討の結果に基づいて、あらためて「帝国国策遂行要領」案を決定した。その主要な内容は以下の通りである。

現下の危局を打開して自存自衛を全うし大東亜の新秩序を建設するため、対米英蘭戦争を決意し、以下の措置をとる。

一、武力発動の時期を一二月初頭と定め、陸海軍は作戦準備を完成する。

二、対米交渉は、別紙要領によりおこなう。

三、独伊との提携強化を図る。

対米交渉が一二月一日午前〇時までに成功すれば、武力発動を中止する。

そして、別紙対米交渉要領には甲案、乙案が併記された。一一月五日、御前会議が開かれ、「帝国国策遂行要領」（甲案、乙案を含む）が正式に決定された。

陸海軍の対米英蘭作戦計画は一〇月下旬に決定され、これに基づき、一一月五日、山本五《い》十《そ》六《ろく》海軍連合艦隊司令長官に大海令が、一一月六日、寺内寿一陸軍南方軍総司令官に大陸令が、それぞれ発令された。

対米交渉の甲案と乙案は、御前会議決定前の一一月四日、野村駐日大使に打電された。野村は、まず甲案を一一月七日にアメリカ側に提示したが拒否され、一一月二〇日に乙案を示した。

アメリカ政府は、なお対日戦を先延ばしにして、フィリピンその他での戦力増強のための時間的猶予を望んでおり、乙案に関心を示した。国務省内では、その対案として、北部仏印の日本兵力を二万五〇〇〇以下とし、両国の経済関係を資産凍結以前の状態に戻す旨の暫定協定案が作成された。そして、ハル国務長官は、乙案に対して、石油禁輸などの経済制裁を三ヵ月間解除し、さらに延長条項を設ける暫定取り決め案ではどうかと、口頭で野村大使らに示唆した。そのうえで、英蘭中などの同意を求めたうえで、正式に日本側に提示すると述べた。

国務省の暫定協定案は、まもなく、イギリス、オランダ、中国（蔣介石政権）などに内示された。日本の南進に脅威を感じていたオランダは賛成したが、蔣介石政権は、中国の抗戦意欲に打撃を与えるとして強硬に反対した。アジア英領植民地よりの戦略物資確保の観点から、アメリカの早期対日参戦を強く望むイギリスは、中国に同調し、結局、暫定協定案は断念された。チャーチル英首相は、もし米国が参戦しないならば、我々には蘭領東インドを防衛する手段も、アジアの英国領土を防ぐべき手段もなかった、と回想している。イギリスは、できれば対日戦を回避しアメリカの対独参戦を望んでいたが、日本の南進に直面して、さらにアメリカの対日参戦が、まさに死活問題となったのである。

こうして暫定協定案は放棄され、一一月二六日、ハル国務長官は、乙案に対する回答として、いわゆる「ハル・ノート」を提示した。その内容は、ハル四原則の無条件承認、中国・仏印からの無条件全面撤兵、南京汪兆銘政権の否認、三国同盟義務からの離脱、を求めるものだった。

ハル・ノートを知った東条首相は、その内容に愕然とした。東郷外相も激しい失望を感じた。両者ともに、もはや交渉の余地なく、開戦やむなしと判断した。

武藤軍務局長も、ハル・ノートを交渉打ち切りの通告と受けとり、事ここに至っては開戦を決意するほかない、との判断だった。辛抱強く譲歩してきたうえでの打ち切りでは一同憤慨し開戦決定となるだろう。もはやそれに反対することは不可能だ、とみていたのである。交渉の進展によっては、駐兵問題についてもある程度の譲歩を考慮していた武藤だったが、ハル・ノートは妥協の余地のない原則論に逆戻りしたものであり、もはや交渉継続は困難と判断したといえよう。

田中作戦部長は、ハル・ノートが好機に到来したことは、日本にとってむしろ「天佑」だとみた。これで東郷らも開戦を決意せざるをえなくなり、国論も開戦に一致するだろう。要するに来たるべきものが来たのだ。既定の開戦方針貫徹のためには、情勢は一気に好転した、との認識だった。

田中にとって、ハル・ノートは、ワシントン体制への復元、九ヵ国条約体制への復帰を強要するもので、大東亜共栄圏政策、東亜新秩序政策と正面から衝突するものであった。仏印のみならず、満州を含む全中国からの全面撤兵を要求し、汪政権や満州国も解消することを求めているものと理解された。それは、彼らの満州事変以来のすべての努力、営為が水泡に帰すことを意味した。満州国の否認について文面上は明言していないが、日米の力関係からして事実上そうなっていくとみていた。

参謀本部戦争指導班もまた、ハル・ノートの意図は九ヵ国条約の再確認にあると判断していた。一一月二七日、ハル・ノートの骨子と対米交渉不成立の連絡を受け、大本営政府連絡会議は、一二月一日の御前会議において開戦決定をおこなうことを申し合わせた。事実上開戦を決定したのである。また、宣戦布告は開戦翌日におこなうとされた（その後、宣戦布告は開戦当日に変更される）。なお、ハル・ノートの全文は、二七日午後に着電し、二八日に各方面に配布された。

一一月二九日、大本営政府連絡会議において、「対米交渉はついに成立するに至らず、帝国は米英蘭に対し開戦す」との御前会議開戦決議案が可決された。

一二月一日、御前会議において対米英蘭開戦が正式に決定された。事前の閣議決定はなされず、御前会議に全閣僚が出席し御前会議決定を閣議決定とした。まったく異例のことである。

一九四一年（昭和一六年）一二月八日、日本軍はハワイ真珠湾を攻撃するとともに、英領マレー半島に上陸を開始し、ここに太平洋戦争の火蓋が切られたのである。

三、武藤・田中の世界戦略と戦争指導方針

では、このころの陸軍をリードしていた武藤軍務局長、田中作戦部長は、どのような世界戦略をもっていたのだろうか。あらためてみておこう。

武藤は、すでにふれたように、次期大戦に対応するため、「広義国防」の観念に基づく「国防国家」の建設を主張していた。すなわち第一次世界大戦以降、戦争は「国家総力戦」

となり、国家の有する「総合国力」を戦争目的に向けて統制する挙国一致の「国防国家」によらなければ国防の目的は達せられない、そう武藤は考えていた。

その国防国家建設のためには、軍備の充実とともに、自給自足経済体制の樹立が必要であり、そのためには南方の資源を獲得しなければならないとみていた。そこから、「日満支」を枢軸とする「大東亜生存圏」（のちの大東亜共栄圏）の形成が必要だとする。大東亜生存圏は、中国など東アジアのみならず、南方すなわち東南アジアをも含むものであった。そこでの自給自足経済体制は、武藤にとって、資源の自給自足のみならず、米英依存経済からの脱却を意味していた。

実際に、軍需資源の自給自足の観点からみて、東アジアのみでは、石油、錫、生ゴム、ニッケル、燐、ボーキサイト、タングステンなど重要軍需物資が不足し、それらは東南アジアから獲得可能とされていた。だが、東南アジアは、イギリス、フランス、オランダ、アメリカなどの植民地として、欧米列強の支配下にあった。したがって、東南アジアの自給自足圏への包摂は、欧米列強の利害と正面から衝突するものであり、通常の外交手段によっては実現困難とみられていた。しかし、欧州大戦の勃発によって、オランダ、フランスはドイツの侵攻を受け、その植民地である仏印（インドシナ）、蘭印（オランダ領東インド諸島、現インドネシア）は、国際的に不安定な状況に置かれる。それを好機に、日本は北部仏印に進駐し、タイへの影響力も強めた。

そして、欧州情勢は、さらにドイツのイギリス侵攻作戦の開始へと展開していく。このような事態のなかで、武藤は、ドイツのイギリス本土攻略が成功した場合、南方武力行使によって英領マレー半島、英領西ボルネオなどを攻略しようとした。また、外交的措置による石油などの資源獲得に失敗した場合には、蘭印にも侵攻し、それらの地域を包摂しようと考えていた。

そのさい武藤は、武力行使はイギリス領および蘭印に限定しようとしていた。強大な国力をもつアメリカとの戦争は、「一歩誤ると社稷［国の存在］を危うからしめる」可能性があり、できるだけ回避すべきだと考えていたからである。

武藤は、イギリスを日本の対中国政策や南方政策を妨害する頑強な敵とみており、その中国および東南アジアからの放逐が必要だと考えていた。大東亜共栄圏形成のためには、ある意味で対英戦は不可避と想定していたのである。その強い反英的志向は、天津英仏租界封鎖問題など中国での経験も関係していた。だが、対英関係は対米関係と連動する可能性があり、アメリカの軍事介入から対米戦になることを警戒していた。

しかし、ドイツのイギリス攻略は失敗し、イギリス本土上陸作戦は翌年まで延期される。同じころ、松岡外相主導で日独伊三国同盟が結ばれるが、武藤は、南方武力行使にさいして、イギリス領やオランダ領の処理の関係から、独伊との軍事同盟が必要だと考えていた。また、南方武力行使時の北方（背後）の安全を確保しておくため、ソ連との国交調整、さらには日ソ提携が必要だと考えており、松岡外相による日ソ中立条約の締結にも賛同していた。ドイツのイギリス侵攻作戦は再度実施されると想定していたからである。さらに、三国同盟と日ソ中立条約は、日独伊ソの連携によってアメリカの軍事介入を抑え、その参戦を阻止するためにも必要だと、武藤は判断していた。

田中作戦部長もまた、「国防の自主独立性の確立」のためには、軍需資源の自給自足が必要であり、そのためには東アジア、東南アジアを包摂する大東亜共栄圏の建設が必須だとしていた。また、武藤と同様、ドイツのイギリス攻略を機に、南方武力行使によって東南アジアを日本の勢力圏下に置くことを考えていた。

ドイツのイギリス攻略延期後、両者は、大東亜共栄圏建設の一階梯として、当面仏印・タイを包摂する方針を定める。

だが、ドイツの対ソ軍事侵攻とともに、独ソ戦の評価とそれへの対応をめぐって両者に亀裂が生じる。そして、それが三国同盟の意味づけや対米認識の相違を浮かび上がらせることとなる。

田中は、独ソ戦について、短期間でのドイツ勝利に終わると予想し、また長期化する場合でも、ドイツとともにソ連を東西から挟撃して早期に崩壊させるべきだとして、対ソ武力行使を主張する。イギリスの対独抗戦意志を破砕するには、ソ連の屈服が必要であり、そのことはまた日本の北方からの脅威を取り除くことになると考えていたからである。

だが、武藤は、対英戦途中での対ソ武力行使には反対だった。ソ連の国力と領土の広大さからして、独ソ戦は国家総力戦となり、長期化するとみていた。したがって、ヒトラーが再開を公言していた英本土上陸作戦は遠のき、近い将来でのイギリス崩壊の可能性も低下すると判断していた。また、たとえ日本が北方武力行使に踏み切ってもソ連は容易に崩壊せず、日中戦争に相当の戦力を割かれている今、さらに本格的な対ソ開戦となれば、基本国策である南方への展開が事実上不可能になると考えていた。それゆえ、事態を静観し情勢の展開を見守るしかないとの姿勢をとった。

独ソ戦の可能性がドイツ駐在武官などから伝えられていたころ、武藤は、対英戦途中の今、ヒトラーが気でも狂わないかぎり、対ソ戦をはじめることはないだろうと考えていた。しかし、実際にヒトラーは独ソ戦を開始し、これ以後、武藤はナチス・ドイツに一定の距離感をもつようになる。

そもそも武藤は、三国同盟をイギリスに対する軍事同盟、イギリス打倒のための同盟として想定していた。また、三国同盟を活用して、日ソ国交調整を進め、各国からの対重慶政府援助を抑えようとしていた。したがって、それは対米戦を目的とするものではなく、対米関係においては、日ソ中立条約と相まって、あくまでも日米戦を阻止するためのものと位置づけられていた。だがドイツは、武藤が対米牽制のための提携国の一つとみていたソ連を攻撃した。武藤からみて、独ソ戦はドイツの戦略的誤りであった。少なくとも、それによってイギリス攻略が遠のき、またアメリカの参戦を抑えることが困難になったからである。

しかし田中は、対米戦は不可避だとみており、三国同盟もそのためのものだった。対米戦にはドイツとの同盟が絶対に必要だと判断していたからである。もちろん田中も強大な国力をもつアメリカとの戦争はできれば避けたいと考えていた。だが、国防の自主独立性の確保のためには大東亜共栄圏の建設は必須であり、それは、アメリカの太平洋政策――九ヵ国条約体制を軸とする門戸開放政策――と衝突するとみていた。また、アメリカの安全保障からみて、イギリスの存続をアメリカはきわめて重視しており、独英戦に必ず介入してくる。ゆえに対独参戦は必至と判断していた。日本が大東亜共栄圏の建設を貫徹しようとすれば、アメリカの門戸開放政策と衝突せざるをえない。しかも、南方のイギリス植民地攻略にも、イギリスの崩壊を阻止するため、アメリカは介入してくるだろう。したがっていずれにせよ対米戦は不可避だ、そう田中は考えていた。

対米戦が不可避だとすると、後述するように、それに対処するにはドイツとの同盟は絶対に必要となる。したがって三国同盟はあくまでも維持しなければならない。それが、日米交渉において、三国同盟を弱める方向での譲歩に田中が強く反対した理由であった。

これに対して武藤は、対米戦はできるかぎり回避すべきだし、回避可能だとみていた。日米間にフリクションが生じても、アメリカは必ずしもアジアに死活的利害をもっておらず、アジアにおいて日米間に妥協不可能な対立はありえない、と考えていたからである。したがって、三国同盟と日ソ中立条約によってアメリカの軍事介入を阻止しながら、南方に進出し大東亜共栄圏を形成することは可能だと判断していた。

だが、独ソ戦によって、武藤の想定に狂いが生ずる。独ソの亀裂は、アメリカ参戦への抑止力を弱めるばかりでなく、独ソ戦の長期化によって、ドイツの英本土侵攻の見通しが立たなくなってきたからである。そのことは南方への武力展開による大東亜共栄圏の形成が困難となることを意味した。米英連携による頑強な軍事的抵抗が予想されたからである。それでは、武藤が最も警戒していた対米開戦に陥ることとなる。

ここから、武藤はナチス・ドイツに一定の距離を取るようになってくる。対米交渉対応においても、日米国交調整の阻害要因の一つとなっている三国同盟の存在に、それほど重きを置かないスタンスをとる。

一方、田中は、独ソ開戦後も、ナチス・ドイツへの信頼は揺るがず、三国同盟を重視し、アメリカの参戦に備えるためには対独軍事同盟は絶対に必要だと考えていた。むしろ独ソ戦は、北方の脅威を取り除く絶好の機会を与えるものだとみていたのである。

この二人の対独姿勢の相違は、戦略上の位置づけのみならず、彼らのドイツ駐在時期とも関係があるように思われる。武藤のドイツ駐在は、一九二三年（大正一二年）から三年間で、ワイマール共和国が安定に向かう時代だった。ドイツ到着直前に、ヒトラーらナチ党のミュンヘン一揆失敗があり、「ヒトラーは狂気だ」との評判などを聞いていた。ヒトラーやナチスへの評価が最も低い時期だったといえよう。

これに対して田中は、一九三三年（昭和八年）末から約一年半ベルリンに駐在した。この時期は、ナチスの政権掌握、授権法成立、国際連盟脱退とつづいたあと、ナチス政権は深刻な失業問題を改善させ、ヒトラーが国家元首「総統」に就任。国民投票によって圧倒的支持をうるなど、ドイツは、ヒトラーとナチスを高く評価する熱狂的な雰囲気のなかにあった。

二人は、そのドイツ駐在期間中のナチス評価の雰囲気から、無意識のうちに影響を受けていたのではないだろうか。なお、武藤は、帰国途中、約二ヵ月間アメリカを視察し、最新の文明とその躍動性に強い印象を受けたようである。

独ソ戦以後、武藤は、ドイツとの軍事同盟に固執するよりも、日米交渉によって対米戦を回避することに全力を注ぐこととなる。対米国交調整を実現するとともに、それによって日中戦争を解決し、対米戦を避けて将来に備えるべきと判断していたように思われる。したがって、当面は南方武力行使による大東亜共栄圏の全面的建設は断念せざるをえないと考えていたといえよう。

もちろん、武藤も国防国家建設のため、大東亜共栄圏の形成には強い執着をもっていた。独ソ開戦時に北方武力行使に反対したさいにも、自らの予想に反して早期にソ連が崩壊した場合には、対ソ武力行使を容認していた。また、ドイツがソ連を屈服させた後イギリス本土侵攻に成功した場合には、南方武力行使に踏み切るつもりだった。その場合にはドイツとの同盟も意味をもつことになる。しかしそのような事態となる可能性は少ないと判断していたのである。したがって、少なくとも、将来に備えて仏印・タイへの影響力は維持し、同地域の資源は確保しておこうとしていた。

しかし、すでに対独参戦を決意していたアメリカ政府は、日本の参戦回避のため、三国同盟の事実上の空文化を求めていた。そしてまた、対日全面禁輸決定後は、全仏印からの撤兵を要求した。アメリカは、イギリスの存続に世界戦略上、安全保障上から強い関心をもっており、いわば死活的利害を有していた。仏印への日本軍の駐留は、マレーや西ボルネオなどの英領植民地を脅《おびや》かすものと考えられていたからである。アジアの英領植民地からの物資補給の途絶は、イギリスの対独継戦を困難にする可能性があるとみられていた。また、アメリカ自身、東南アジアの天然ゴムや錫などの資源を必要としており、その安定的確保の観点からも日本軍の駐留は容認しえなかった。

さらにアメリカは、通商無差別原則の中国への適用、中国からの日本軍の撤兵を要求した。武藤は、日米戦を避けるためには、三国同盟問題の譲歩、通商無差別原則の承認、全仏印からの撤兵のみならず、中国からもある程度の撤兵はやむをえないと判断していた。そして、武藤は、この線で東条首相を説得し、了承を得ていた。また外務省の乙案についても、反対する参謀本部を説き伏せ、受け入れさせた。ドイツとの距離感が生じていた武藤にとって、世界戦略上、日米戦の回避は、これまで以上に大きな重みをもつ課題であったからである。

したがって、日米交渉の過程で、最終的には中国撤兵についても、甲案での駐兵条件より、さらに譲歩する考えをもっていた。

だが、ハル・ノートによって、もはや交渉継続の道は断たれたと判断した武藤は、やむなく対米開戦を最終的に決意する。

しかし、武藤が、対米戦回避を最重要視していたのなら、なぜ、より早い段階で、中国からの全面撤兵に踏み切らなかったのだろうか。またその線で、東条や田中を説得しようとしなかったのであろうか。たとえ全面衝突によって免職になったとしても、武藤に確信があれば、自ら「傲漫不遜《ごうまんふそん》」と称するその性格からして、自説を貫くことに躊躇しなかったであろう。

アメリカがすでに対独参戦を決意し、対日開戦の可能性も念頭に置きながら、日米交渉において早くから中国撤兵を要求していたことは、武藤も十分承知していた。

だが武藤にとって、甲案に含まれていた、華北・内蒙古の資源確保とそのための駐兵は、ことに重要な意味をもっていた。そもそも華北・内蒙古の資源は、武藤が強い影響を受けた永田鉄山が重視していたものだった。永田は次期大戦に備えるためには、中国資源の確保が必要であるとして、満州事変ののち、華北分離工作に乗り出した。永田暗殺後、石原莞爾らによって華北分離工作は中止されたが、武藤は永田の遺志を継ぐかたちで、再び中国での資源確保のための勢力拡大を強力に推し進めた。それが日中戦争であった。

中国からの全面撤兵とそれにともなう特殊利権（資源開発権など）の放棄は、これら永田以来の営為の結果が、すべて無に帰することを意味した。自らも所属していた一夕会結成以来の昭和陸軍の長い努力が、まったく無意味なものとなってしまうのである。

対米戦回避に力を尽くそうとした武藤といえども、容易には、そこまでは踏み切れなかったといえよう。また、それを東条や田中に説得するだけの武藤自身の覚悟がつかなかったのではないだろうか。それにしても、それによってもたらされた内外の犠牲はあまりにも大きかったといえよう。

東条も、国家総力戦によるさまざまな影響の大きさを予想して、対米戦には最後まで躊躇し動揺していたが、武藤と同様な理由で、中国からの全面撤兵は受け入れられなかった。華北・内蒙古駐兵を固守する点では、武藤よりはるかに強硬であった。

また武藤は、永田の対米認識を受け継いで、アメリカはアジアに死活的利害をもたず、日米間に妥協不可能な対立はありえないとみていた。すなわち、日米間でアジアにおける利害の対立が起きても、政治的妥協による解決が可能だと考えていたのである。

東アジアすなわち日中関係にかぎれば、このような見方は必ずしも的を外したものではなかった。アメリカ国務省の対日強硬派ホーンベック国務長官特別顧問（元極東部長）でさえも、アメリカは中国市場をめぐって日本と戦争するべきでないとし、日米戦争回避のスタンスだった。

だが、欧州大陸をドイツが席巻し独英戦争がはじまると、アメリカはアジアに死活的利害をもつこととなる。アメリカはイギリスの存続に安全保障上死活的な利害をもっており、そのイギリスの存続にとって、アジアの英領植民地は不可欠のものだった。それゆえ、アメリカ政府は、日本が三国同盟に基づいて対英参戦することを危惧し、それを阻止しようとしていた。日本が参戦すれば、その海軍によってイギリスへのアジア、オーストラリアなどからの物資補給が遮断されるおそれがあったからである。そのような事態は対独抗戦に苦しむイギリスを崩壊させかねないとみられていた。

欧州大戦を通じて、日本の大東亜共栄圏構想は、アメリカの世界戦略と正面から衝突することとなったのである。その結節点となったのが、イギリスであったといえよう。

それでは、早くから対米戦は不可避だと判断していた田中作戦部長は、どのような対米軍事戦略をもっていたのだろうか。

田中は、太平洋を渡ってアメリカを屈服させる手段は日本にはなく、日独同盟によっても、アメリカを軍事的に屈服させることは不可能だと判断していた。だが、アメリカの対独参戦は不可避だとみていた。

アメリカは、すでにグリーンランド、アイスランドに進駐しており、さらに西アフリカ沖のケープ・ヴェルデ諸島、ポルトガル沖のアゾレス諸島の予防占領を計画していた。また、六月、独伊在米資産の凍結。九月には、ルーズベルト大統領が、英国向け輸送船団護送水域で独伊艦船を発見次第発砲すると声明して、アメリカの対独参戦決意を公にした。

このように、すでに対独参戦を決意しているアメリカ政府の対日政策について、田中は基本的に対日戦遷延策だとみていた。すなわち、太平洋地域における対日戦を当面回避しつつ、大西洋側では英独戦に介入し、ドイツ打倒後日本を屈服させる方針であり、いわば、ドイツ、日本を各個撃破しようとするものだ、と。その米戦略を破砕するには、アメリカの対独参戦後、機を逸せず対米開戦すべきだと判断していた。

ただ、アメリカの挑発に対して、ドイツはアメリカの参戦を回避しようとして、独艦艇に先制攻撃を禁止し、米管理海域での英駆逐艦攻撃も禁止した。したがって実際には日米開戦まで、アメリカの対独参戦に至らなかったのである。

では、田中の具体的な対米軍事戦略はどのようなものだったのだろうか。

田中はこう考えていた。対米戦は必ず長期戦となる。それに対応するには、先制奇襲攻撃により緒戦でアメリカ太平洋艦隊に徹底的な打撃を与え、以後二年間は制空制海権を確保する。これにより太平洋地域の覇権を確立し、英領植民地、蘭印、米領フィリピンなど南方地域を占領する。それとともに、南方資源の開発獲得を促進し、自給自足体制を確立して長期持久戦を遂行しうる態勢を整える。

一九四一年（昭和一六年）末の日米艦艇比率は、対米七五パーセントとなっている。だが、すでに実行着手されているアメリカの大規模な軍備拡張政策によって、一九四二年末には対米六五パーセント、一九四三年には対米五〇パーセント、一九四四年には対米三〇パーセント程度に低下する。一九四二年末には、海軍で漸減邀撃《ようげき》作戦による対米決戦に絶対必要な比率とされている七〇パーセントを切ることになる。航空機では、一九四二年から四四年の間で、アメリカは日本の五倍前後となり、海軍機のみをとれば一〇倍となる。

このような日米両国の国力差、生産力格差からして、早期の海上決戦によって両国の戦力比率を破砕し、数年後の戦力比を日本に絶対的に不利でないように変換させるしかない。すなわち、初期作戦において米艦隊に大打撃を与える、それによってのみ対米長期持久戦を戦える見込みがある。

対米戦における日本の主戦力は海軍であり、対米開戦はその対米比率が有利な時期に実施すべきで、戦機は一九四一年末しかない。翌年春になれば北方ソ連軍が自由に行動できるようになり、南方武力行使は危険になる。北方の安全が確保される冬季一九四二年末の開戦では、対米艦船比率や石油備蓄量などの条件から、もはや勝算はない。したがって、それ以後は、実際問題として対米戦は不可能となり、日本は軍事的に三流国に転落する。

緒戦の勝利によって長期持久戦態勢を確立し、対米戦を持続させることができれば、その間に日独伊の軍事協力によってイギリスを屈服させる。そのことによって、ヨーロッパにおけるアメリカの足がかりを失わせ、アメリカを欧州大陸から引き離す。また、アジアにおいても、緒戦に大打撃を与えることによって足場を失わせる。こうしてアメリカをヨーロッパとアジアから手を引かざるをえない事態に追いこみ、両大陸から孤立させ、その戦意を喪失させる。そして戦争終結へと導く。

このような田中の対米軍事戦略にとって、緒戦の対米海戦勝利とともに、イギリスをいかに屈服させうるかが、最大のポイントであった。イギリスの存在が、米独日それぞれにとって、戦略的な焦点をなしていたといえよう。

田中はイギリス屈服のため、次のような方策を考えていた。

英領香港、英領マレー、英領西ボルネオ占領後、オーストラリア、インドに対し、通商破壊などの手段により、イギリス本国との連携を遮断する。また、オーストラリアをアメリカ本土からも遮断するため、フィジー、サモア、ニューカレドニアを攻略する。それとともに、オーストラリアを海空から制圧すべく東部ニューギニアに侵攻し、同地の要衝ポートモレスビーを占領する。さらに、英領ビルマの独立を促進し、それによって英領インドの独立を刺激する。また、独伊に対して、近東、北アフリカ、スエズ作戦の実施を要請し、それに呼応して西インド方面での敵増援部隊の遮断と敵艦船の撲滅を実施する。さらに独伊に、対英封鎖の強化と、情勢が可能になれば英本土上陸作戦の実施を求める。

なお、イギリスを屈服させるには英本土侵攻が必要とみられていたが、それには独ソ戦においてソ連に勝利することが前提であった。そこで田中は、南方作戦が一段落し、長期持久戦態勢確立のための南方必要資源を確保した段階で、対ソ武力行使をおこなうことを再度意図していた。当初南方作戦のため投入した陸軍兵力は、全兵力の二割にあたる一一個師団約三五万で、全陸軍兵力の大部分は温存されていたからである。ドイツとともにソ連を東西から挟撃することで、その体制を崩壊させ、日本は北方の脅威を取り除くとともに、ドイツを英本土侵攻に向かわせようとしたのである。

だが田中の企図は、後述するように、ミッドウェー海戦の惨敗とガダルカナル攻防戦の失敗によって崩壊する。また、ドイツも日米開戦直後に冬季モスクワ西部近郊でソ連軍の強力な反攻を受け、対ソ東部戦線で後退を余儀なくされることになる。

一方、武藤軍務局長も、できるかぎり日米戦は回避すべきだと考えていたが、それが不可能になった場合は、大東亜共栄圏建設に突き進む選択肢も捨ててはいなかった。したがって、当然、武藤ら軍務局でも、参謀本部戦争指導班や海軍の協力を得て、対米戦となった場合の軍事戦略(「対米英蘭戦争指導要綱」)が検討されていた。

その内容は、次のようなものであった。

対米英蘭戦は長期戦となる。先制奇襲攻撃によって、戦略上優位の態勢を確立し、重要資源地域および主要交通網を確保して長期自給自足の体制を整える。武力戦による占領地の範囲は、ビルマ、マレー、蘭印、フィリピン、グアム、ニューギニア、ビスマルク諸島までとする。占領地においては、重要国防資源を確保し、作戦軍の現地自活の方針をとる。

戦争終結の方向については、軍事的にアメリカを屈服させることはできず、独伊と提携してイギリスを屈服させ、欧州での足がかりを失わせる。またアジアからも、日本の海軍力によって米勢力を一掃する。こうしてアメリカをアジアと欧州から切り離して孤立させ、その継戦意志を喪失させることによって戦争終結を図る、との方針であった。

これらは、田中の方針とそれほど相違はなく、イギリス屈服の方策についてもほぼ同様であった。ただ、対ソ武力行使には否定的で、できれば独ソ講和を促進し、ソ連を枢軸側に接近させることを考えていた。また、武藤は日独を含め戦局の長期的な見通しについては、より悲観的で、もし可能なら、たとえ不利な条件でも早期講和が望ましいとの意見だった。

一般には、対米開戦時、陸軍は戦争終結の見通しをまったくもっていなかったとの見方があるが、田中や武藤らは、一応このような戦争終結方針を考えていたのである。また東条も、「対米英蘭戦争指導要綱」を了承していた。

対米開戦前の、一九四一年（昭和一六年）一一月一五日、大本営政府連絡会議は、この「対米英蘭戦争指導要綱」をほぼ踏襲して、「対米英蘭蔣戦争終末促進に関する腹案」を決定した。田中ら作戦部も、対ソ政策については意見を異にしていたが、当面の方針として、これに同意していた。したがって、田中らは必ずしも対ソ武力行使を断念していたわけではなかった。

ただ、このような武藤ら軍務局の戦略は、田中と同様、先制奇襲攻撃により米艦隊に大打撃を与え、その後反撃してくるアメリカ海軍を各個撃破し戦争を持久させるとの軍事作戦を前提にしていた。

だが、ミッドウェー海戦の惨敗によって前提そのものが崩れ、対米戦略は崩壊していく。

エピローグ

太平洋戦争
——落日の昭和陸軍

原子爆弾投下．煙突一本を残して壊滅した広島市内（写真：読売新聞社）

一九四一年（昭和一六年）一二月八日、日本はアメリカ、イギリスに宣戦布告し、全面的な対米英戦争に突入した。

真珠湾攻撃の一時間前、日本軍は英領マレー半島のコタバルに奇襲上陸し、本格的な南方攻略作戦が開始された。翌年一月末には、マレー半島、英領西ボルネオをほぼ制圧し、二月一五日には東南アジアにおけるイギリス最大の根拠地シンガポールを占領した。また、開戦直後の一二月一〇日、英新鋭戦艦プリンス・オブ・ウェールズと巡洋戦艦レパルスが、マレー沖で日本海軍航空戦隊に撃沈され、イギリス東洋艦隊は壊滅的打撃を受けた。

米領フィリピンでも、一月初旬にマニラが陥落し、バターン半島に後退して抗戦した在フィリピン米軍も四月初旬には降伏した。真珠湾への奇襲攻撃によって、アメリカ太平洋艦隊は戦艦、巡洋艦に大打撃を受け、西太平洋でも当面本格的な作戦行動はほとんど不可能となっていたのである。

蘭印に対しては、当初石油関連施設の破壊をおそれた日本政府は、交渉による進駐を希望したが蘭印側が拒否し、一月一一日攻撃が開始された。二月中旬、日本軍は蘭印有数の油田地帯パレンバンを空挺部隊の奇襲によって確保した。石油関連施設は蘭印側による大きな破壊を受けることなく日本側の管理下に入った。三月一日には蘭印攻略部隊主力がジャワ島攻撃を開始し、五日には首都バタビアを占領、七日には蘭印軍を降伏させた。ビルマへも対米英開戦直後から侵攻に着手し、三月八日には首都ラングーンを占領、五月末までには、ほぼビルマ全域を制圧した。

この間、同年二月ごろから、今後の戦争指導の基本方向が検討された。陸軍は、南方作戦が一段落した段階で戦略的守勢に転じ、南方圏域の防備を固めるとともに資源の開発と国力の増強に努め、長期持久戦態勢を整えるべきだとの考えだった。だが海軍は、真珠湾の大勝によって早期決戦論に傾斜し、攻勢作戦を続行してアメリカ海軍に決定的打撃を与え、早期講和を実現しようとしていた。

しかし、田中作戦部長らは、国力において優位に立つアメリカは、太平洋において一時的に戦局が不利となっても、早期講和に応ずることはありえない。必ず戦備を立て直し全体的な戦局が有利となるまで戦争を継続するだろう。そう判断していた。すなわち、日本海軍が短期決戦を挑んだとしてもアメリカを屈服させることは不可能であり、長期持久戦となることは避けられない。イギリスを屈服させないかぎりは、アメリカの継戦意志を喪失させることはできず、対米講和の可能性はない。そうみていたのである。武藤ら軍務局も同様の見方だった。なお、田中作戦部長は、海軍の短期決戦論に対しては長期持久戦態勢の確立を主張し、対ソ戦に慎重な軍務局の長期戦論に対しては対ソ武力行使を意図して短期決戦を主張するなど、議論を使い分けていたが、基本的には対米戦は長期化するとみていた。

このように、陸軍と海軍の考え方が分かれたままで、三月七日、大本営政府連絡会議で、

「今後採るべき戦争指導の大綱」が決定された。そこでは、占領地域における需要資源の開発、海上輸送路の確保のほか、「長期不敗の政戦態勢」を整えつつ、機をみて「積極的の方策」を講ず、とされた。陸軍の長期持久戦態勢整備論と海軍の積極的攻勢論の両論を取り入れたかたちとなったのである。

その翌月の四月八日、突如武藤軍務局長が解任され、近衛師団長としてスマトラに転任することになる。後任の軍務局長には、東条に近い佐藤賢了軍務課長が就いた。

かねてから武藤は、長期の国家総力戦を遂行するには、強力な政治指導が必要であり、そのための内閣は国民的基礎をもったものでなくてはならないと主張していた。つまり、対米戦のような国家総力戦には、全国民の組織的エネルギーの最大限の発揮、すなわち国家総動員が必須である。それには国民的組織を基礎とする内閣によって強力な政治指導がおこなわれなければならない。そう考えていたのである。

そのような観点から武藤は、東条内閣は開戦内閣であり、開戦後の戦争遂行はもっと広範な国民層に基礎をもった別の内閣でやるべきだ、との意見を周囲に漏らしていた。また、岡田啓介元首相を訪ね、そのような新内閣体制樹立への協力を内々に要請していた。

このような武藤の動きが憲兵隊に察知され、東条の耳にも入った。東条は、満州での関東憲兵司令官時代から憲兵との関係が深くなり、首相在任中、配下の四方諒二を東京憲兵隊長とするなど、憲兵を政治的にも利用していた。武藤はこのことで東条の逆鱗にふれ、軍務局長解任のうえ、南方戦線にとばされたのである。これ以後武藤は陸軍中央に復帰することはなかった。

また、同年（一九四二年）六月五日、ミッドウェー海戦において、真珠湾攻撃のさい奇襲から免れた三隻の米空母艦載機によって、日本の最精鋭の主力空母四隻が撃沈される。短期決戦方針による海戦での予想外の大敗北であった。これによって海軍の攻勢作戦は不可能となり、陸軍の主張する長期持久態勢の維持も困難となっていく。

そのようななかで、一二月六日、田中作戦部長は、ガダルカナル島作戦をめぐって東条首相兼陸相と衝突。激論のなかで暴言を吐き、それが原因で、翌一二月七日、作戦部長を罷免され、シンガポールの南方軍総司令部付となる。かわって作戦部長には、第一方面軍参謀長の綾部《あやべ》橘樹《きつじゅ》が就いた。

このときまでに、ガダルカナル攻防戦で、日本軍は、第七師団一木支隊、第一八師団川口支隊、第二師団、第三八師団など、約三万人の兵士を投入したが、いずれも大損害を受け、ガダルカナル島の確保に失敗していた。また制空権を喪失したなかで大量の輸送船を失い、太平洋での輸送用船舶の運用にも困難を生じることとなっていた。

このような状況下で、田中はガダルカナルに一大戦力を一挙に投入して、同島の奪回を図るべきだと主張した。

田中はこう考えていた。ガダルカナルへの米軍の来攻は、アメリカの本格的反攻に発展しつつある。ガダルカナルを失えば、そこを足場に米軍はさらに西進し、西太平洋における日本の制海・制空権を揺るがすこととなる。そうなれば南方占領地域と日本本土との輸送路を遮断されるばかりでなく、南方要域の確保そのものが困難となり、長期持久戦態勢の経済的基礎が脅かされる。そのような事態となれば戦争継続が不可能な状況に陥りかねない。したがってガダルカナルはなんとしても確保しておかなければならない、と。

陸海軍首脳の多くは、アメリカの太平洋方面での反攻は一九四三年以降になると想定していた。真珠湾攻撃で失った戦艦・巡洋艦の再建（製艦）期間は約二年であり、反攻態勢が整うのはそれ以降になるとみていたからである。だが田中はすでに米軍の反攻は本格的なものになりつつあると判断していた。それゆえ田中はガダルカナルの争奪戦が、日本が長期持久戦態勢を維持できるかどうかの結節点であり、日米戦争の一つの決戦場だと考えていたのである。

そのような見地から、田中ら作戦部は、次のような作戦構想を立案し、陸海軍中央・政府に提案した。ガダルカナル奪回のため、さらに第五一師団、第六師団を派遣し、関東軍からも新鋭師団を投入する（田中は、すでに同年三月、関東軍の準備が不十分との理由で、対ソ武力行使を断念していた）。同島周辺の南東太平洋戦域方面の第一七軍、第一八軍など全部隊を新たに第八方面軍に統合し、思い切った集中的部隊編成をおこなう。同島周辺に新たに航空基地を建設し、満州から派遣する陸軍航空機二〇〇機などを加え、陸海軍協力してガダルカナル周辺の制空権を確保する。そのうえで、満州からも重砲二〇門、高射砲六〇門とその関係資材と人員を送るなど、一大戦力を集中的に投入。それらによる徹底した攻撃によって、ガダルカナル島の米軍を排除し、同島を確保する。総攻撃は来年一月とする。そして、この参戦遂行のため必要な輸送用船舶五五万トンの増徴を要求した。

だが東条首相兼陸相は、ガダルカナル奪回の必要は認めたものの、そのような膨大な作戦用船舶増徴は、南方からの物資輸送のための船舶の確保を困難にし、戦争経済を維持するための物資動員計画を崩壊させるとして、反対した。戦争経済を維持するための物資動員計画の崩壊は、戦争指導全体の破綻を意味すると判断していたからである。田中ら作戦部の要求は、東条にとって、首相として戦争システム全体の維持を考慮しなければならない立場から、とうてい受け入れがたいものだった。

なお、田中は、もしこれだけの態勢による総攻撃によって、ガダルカナル島奪回戦で敗北することがあれば、対米戦を長期に継続することは困難となり、休戦・早期講和へと向かうほかはないのではないかとも考えていた。だが、田中罷免後の一九四二年（昭和一七年）一二月三一日、大本営はガダルカナル島撤退を決定し、同島への総攻撃は実施されなかった。

また、これ以後、アメリカ軍の反攻は本格化し、ガダルカナル島をめぐる攻防戦が、事実上太平洋戦争の最大の転換点となったのである。

一方、ヨーロッパの独ソ戦線では、日米開戦直後からモスクワ西方でソ連の反攻がはじまり、翌一九四二年六月からはじまったスターリングラード攻防戦で、ドイツ軍は決定的な敗北を喫した。これ以後、ドイツ軍は後退を重ね、独ソ戦におけるドイツ勝利の可能性はなくなっていく。同年一一月には、北アフリカのエル・アラメインの戦闘で、独伊枢軸軍がイギリスなど連合国軍に惨敗し、枢軸側のエジプト侵攻・スエズ運河掌握の企図は失敗に終わった。これによって、スエズ運河の対英封鎖によるアジア・イギリス間の物資補給ルート遮断は不可能となった。

独ソ戦におけるドイツの敗北は、日独にとってイギリス屈服の前提とされていたソ連打倒が不可能となったことを意味した。また、独伊のスエズ運河掌握の失敗によって、アジアからの物資補給ルート遮断によるイギリス弱体化の企図も挫折した。

第二次世界大戦は、アメリカにとっても、日独にとっても、イギリスをめぐる戦いであったが、これらによって日独によるイギリス屈服の可能性はなくなったのである。イギリスを屈服させることによってアメリカの継戦意志を喪失させるとの日独の戦略は崩壊し、昭和陸軍にとって戦争を有利に終結させる可能性は失われたといえる。

このような状況下、陸軍において武藤・田中にかわって新たな政戦略を構想しうる有力な幕僚は現れなかった。したがって東条は、これまでの構想にしたがって場当たり的な対処によって事態を弥縫《びほう》していく方法しかとりえなかった。

太平洋での戦局が不利な状況となっていくなか、一九四三年(昭和一八年)九月、イタリアが連合国側に降伏。日本はドイツの矛先をイギリスに向けさせるべく独ソ間の和平調停を両国に申し入れた。だが、ドイツ・ソ連から、ともに拒否され、独ソ和平工作は失敗に終わった。

翌年七月、絶対国防圏の要衝サイパン島が陥落。それによって日本本土がアメリカ長距離爆撃機の空爆範囲内に入ることとなり、本土主要都市への本格的空襲がはじまった。これを契機に東条内閣は重臣や宮中側近らによって総辞職に追い込まれる。ただ、東条失脚後も陸軍内ではなお統制派系幕僚が主導権を握っていた。

この段階では、太平洋の戦局からみても、国際情勢からみても、すでに長期的には日本の敗北は確実となっており、即時休戦ののち講和協議へ入る選択肢も当然ありえた。だが、陸軍内では、非統制派系の戦争指導班（のち戦争指導課）や参謀本部情報部の一部で、ソ連を通じた早期講和が模索されていたが、統制派系の主流派は継戦方針を変えなかった。太平洋戦争中の日本人兵士戦死者二三〇万人の大部分、民間人死者八〇万人のほとんどは、このサイパン陥落以後に犠牲となったのである。

その後、沖縄戦、ドイツ降伏、広島・長崎への原爆投下、ソ連の対日参戦を経て、一九四五年（昭和二〇年）八月一四日、御前会議においてポツダム宣言受諾を決定。翌日、終戦となった。これとともに日本陸軍は解体され、昭和陸軍も消滅したのである。

あとがき

昭和陸軍は、満州事変を契機に、それまで国際的な平和協調外交を進め国内的にも比較的安定していた政党政治を打倒した。その昭和陸軍が、どのように日中戦争、そして対米開戦・太平洋戦争へと進んでいったのか。その間の陸軍をリードした、永田鉄山、石原莞爾、武藤章、田中新一らは、どのような政戦略構想をもっていたのか。本書の関心はその点にある。

今年二〇一一年一二月八日で、日米開戦七〇年目を迎える。現在でもなお、多くの人々が、なぜ、どのように、内外に悲惨な結果をもたらした、あの戦争を日本がはじめたのか、に関心をもっている。

当時日本の政治・軍事を主導していたのは陸軍であった。日米開戦時、陸軍をリードしていたのは、東条英機首相兼陸相、武藤章陸軍省軍務局長、田中新一参謀本部作戦部長の三人である。本書は、昭和陸軍の軌跡をたどることによって、彼らが対米開戦をどのように決意したのかを明らかにしようとするものでもある。

この点は、永田鉄山の構想を起点に、石原莞爾の構想を間にはさみ、武藤章と田中新一の構想を分析することで、これまでとは異なった新しい視点から光をあてることができたのではないかと思う。ちなみに東条は、武藤と田中の構想に支えられていた。

かつては、昭和戦前期の歴史について、昭和初期の政党政治は、その内実は脆弱なものであり、一九三〇年代初頭に種々の困難に直面し簡単に自壊したとされてきた。したがって、その後軍部が、明確な国家構想をもたないまま、テロと恫喝によって権力を掌握することとなり、その結果、無謀な戦争に突入していくこととなったとの見方が有力だった。

しかし近年の研究で、じつは政党政治の体制はかなり強固なもので、内外関係を含め相当の安定性をもっていたことが、明らかにされてきている。だとすれば、陸軍を中心とする反対勢力は、どのようにしてそれを突き崩すことができたのであろうか。

一般に、比較的強固でかつ安定した体制にとってかわるには、それに対抗しうるだけの独自の構想とその実現への周到な準備が必須だとされている。

満州事変以後の昭和陸軍を実質的にリードしたのは、陸軍中央の中堅幕僚層で、その中核となったのが永田鉄山を中心とする一夕会である。満州事変における現地での関東軍の活動そのものは、石原莞爾のプランによって実行されたが、国内の陸軍中央を含めた事態全体の展開は、事前の主要幕僚ポストの掌握などを含め、基本的には一夕会の周到な準備によって遂行された。そのベースとなったのが永田鉄山の構想だった。彼の構想は、政党政治的な方向への対抗構想ともいえるものであり、それが、満州事変以後の陸軍を主導する一つの重要な推進力となった。

五・一五事件の後、永田は暗殺されるが、二・二六事件、日中戦争への展開とともに、昭和陸軍の実質的な政治権力掌握が進行する。その後の陸軍をリードしたのが石原莞爾、武藤章、田中新一であり、彼らの政戦略構想であった。日米開戦前後の東条は、武藤と田中の構想によっていた。

一般には、対米開戦時、陸軍は戦争終結の見通しをまったくもたず、戦争に突入したとの見方があるが、田中や武藤らは、一応本文で示したような戦争終結方針を考えていたのである。東条も、彼らの方針を了承していた。

また、日米戦争は、中国市場の争奪をめぐる戦争だったと思われがちだが、それが正確でないことは本文で明らかにした通りである。

さらに、日中戦争の解決が困難となり、陸軍はその状況を打開するため南方進出を図り、対米英戦へと進んでいったとの見解がある。だが、本文で記したように、対米開戦は必ずしも日中戦争の解決を主動因とするものではなく、また別の要因によるものであった。

本書は、昭和陸軍の軌跡について、国際情勢の展開を念頭に置きながら、永田、石原、武藤、田中らの構想の分析を軸にすえることによって、これら多くの点で、これまでの一般のイメージとは異なる新しい視点を提示したつもりである。多くの方々から、ご意見やご批判をいただければと思う。

なお、読みやすさを考慮して、引用文の旧字、旧かなづかいは、すべて現行のものにあらためた。

最後に、当時新書部長だった松室徹さん（現中央公論新社製作本部長）からお話をいただいてから、本書を書き上げるまで数年の時間がかかってしまった。松室さんには、その間辛抱強く待っていただき、本書を仕上げるうえでもさまざまなアドバイスをいただいた。また、松室さんの後を引き継いで編集を担当していただいた佐々木久夫さんにも、さまざまな面で力を尽くしていただいた。お二人に心からお礼を申し上げたいと思う。

二〇一一年晩秋

川田　稔

参考文献（主要なものに限る）

一、永田鉄山関係

永田鉄山刊行会編『秘録永田鉄山』芙蓉書房、一九七二年
臨時軍事調査委員（永田鉄山執筆）『国家総動員に関する意見』陸軍省、一九二〇年
永田鉄山「国防に関する欧州戦の教訓」『中等学校地理歴史科教員協議会議事及講演速記録』第四回、一九二〇年
永田鉄山「国家総動員の概説」『大日本国防義会会報』第九三号、一九二六年
永田鉄山「国家総動員準備施設と青少年訓練」沢本孟虎編『国家総動員の意義』青山書院、一九二六年
永田鉄山「現代国防概論」遠藤二雄編『公民教育概論』義済会、一九二七年
永田鉄山『国家総動員』大阪毎日新聞社、一九二八年
永田鉄山『新軍事講本』青年教育普及会、一九三二年
永田鉄山「満蒙問題感懐の一端」『外交時報』第六六八号、一九三二年
陸軍省新聞班編『国防の本義と其強化の提唱』陸軍省新聞班、一九三四年
陸軍省「対北支政策に関する件」『満受大日記（密）昭和十年』十一冊ノ内其九、国立公文書館所蔵
船木繁『岡村寧次大将』河出書房新社、一九八四年
森靖夫『永田鉄山』ミネルヴァ書房、二〇一一年
川田稔『浜口雄幸と永田鉄山』講談社選書メチエ、二〇〇九年
川田稔『満州事変と政党政治』講談社選書メチエ、二〇一〇年

二、石原莞爾関係
角田順編『石原莞爾資料・国防論策篇』（増補版）原書房、一九九四年
今岡豊『石原莞爾の悲劇』芙蓉書房出版、一九九九年
「河辺虎四郎少将回想応答録」『現代史資料』第一二巻「日中戦争」四、一九六五年

三、武藤章関係
武藤章『比島から巣鴨へ』実業之日本社、一九五二年
上法快男編『軍務局長武藤章回想録』芙蓉書房、一九八一年
武藤章「協議条約と日本の立場」『外交時報』第六八四号、一九三三年
武藤章「国際情勢と日本」『信濃教育』第五六二号、一九三三年
武藤章「世界現下の情勢と国民の覚悟」『錦旗・新日本建設の最高指標』昭和九年三月号、一九三四年
武藤章「時局の展望と国防国家確立の急務に就いて」『支那』三一巻、東亜同文会調査編纂部、一九四〇年
武藤章「国防国家完成の急務」『東亜食糧政策』第四・五巻、週刊産業社、一九四一年
金原節三「金原節三業務日誌摘録」前後編、防衛省防衛研究所所蔵
石井秋穂『石井秋穂大佐回想録』厚生省引揚援護局、一九五四年
石井秋穂「開戦に至るまでの政略指導」防衛省防衛研究所所蔵
石井秋穂「石井秋穂大佐『覚』」防衛省防衛研究所所蔵

三、田中新一関係
田中新一『大戦突入の真相』元々社、一九五五年
松下芳男編『田中作戦部長の証言』芙蓉書房、一九七八年

「参謀本部第一部長田中新一中将業務日誌」防衛省防衛研究所所蔵
「田中新一宣誓供述書」A級極東国際軍事裁判記録、国立公文書館所蔵
「田中新一中将回想録」防衛省防衛研究所所蔵
田中新一「支那事変記録」防衛省防衛研究所所蔵
田中新一「大東亜戦争作戦記録」防衛省防衛研究所所蔵
田中新一「大東亜戦争への道程」防衛省防衛研究所所蔵
田中新一「日華事変拡大か不拡大か」『別冊知性』第五号、河出書房、一九五六年
田中新一「作戦構想はいかに樹てられたか」『丸』一一号、潮書房、一九五八年
田中新一「北守南進の大陣痛」『日本週報』四三七号、一九五八年
田中新一「戦争に決したもの」『偕行』昭和三一年一〇月号、一九五六年
田中新一「石原莞爾の世界観」『文藝春秋』昭和四〇年二月号、一九六五年
田中新一「石原莞爾と東条英機」『文藝春秋』昭和四一年新年特別号、一九六六年

四、昭和陸軍一般（論文・外国語文献・未公刊の個人関係文書は除く）

同時代の記録

陸軍省『大日記』昭和元年―昭和一七年、防衛省防衛研究所、国立公文書館所蔵
参謀本部第二課『満州事変作戦指導関係綴』全三巻、防衛省防衛研究所所蔵
参謀本部第二課『満州事変作戦指導関係綴別冊』全三巻、防衛省防衛研究所所蔵
参謀本部編『満州事変作戦経過ノ概要』偕行社、一九三五年
参謀本部庶務課『参謀本部歴史』昭和元年―昭和一二年、防衛省防衛研究所所蔵

参謀本部編『杉山メモ』全二巻、原書房、一九六七年
本庄繁『本庄日記』原書房、一九六七年
角田順校訂『宇垣一成日記』全三巻、みすず書房、一九六八―七一年
伊藤隆、佐々木隆、季武嘉也、照沼康孝編『真崎甚三郎日記』全六巻、山川出版社、一九八一―八七年
軍事史学会編『大本営陸軍部戦争指導班機密戦争日誌』全二巻、錦正社、一九九八年
波多野澄雄、黒沢文貴、波多野勝編『侍従武官長奈良武次日記・回顧録』全四巻、柏書房、二〇〇〇年
『現代史資料』七巻「満州事変」みすず書房、一九六四年
『現代史資料』一一巻「続・満州事変」みすず書房、一九六五年
『現代史資料』八・九・一〇・一二・一三巻「日中戦争」、一九六四―六六年
原田熊雄述『西園寺公と政局』全九巻、岩波書店、一九五〇―五六年
木戸日記研究会編『木戸幸一日記』全二巻、東京大学出版会、一九六六年
伊藤隆、広瀬順晧編『牧野伸顕日記』中央公論社、一九九〇年
高橋紘、粟屋憲太郎、小田部雄次編『昭和初期の天皇と宮中――侍従次長河井弥八日記』全六巻、岩波書店、一九九三―九四年
小川平吉文書研究会編『小川平吉関係文書』みすず書房、一九七三年
上原勇作関係文書研究会編『上原勇作関係文書』東京大学出版会、一九七六年
宇垣一成文書研究会編『宇垣一成関係文書』芙蓉書房出版、一九九五年

回想類

『稲田正純氏談話速記録』日本近代史料研究会、一九六九年
『岩畔豪雄氏談話速記録』日本近代史料研究会、一九七七年

『片倉衷氏談話速記録』上・下、日本近代史料研究会、一九八二―八三年
『鈴木貞一氏談話速記録』上・下、日本近代史料研究会、一九七一、七四年
『西浦進氏談話速記録』上・下、日本近代史料研究会、一九六八年
『牧達夫氏談話速記録』日本近代史料研究会、一九七九年
『今村均政治談話録音速記録』一九九五年、国立国会図書館所蔵
『男爵若槻礼次郎談話速記』ゆまに書房、一九九九年
有末精三『有末精三回顧録』芙蓉書房、一九七四年
有末精三『政治と軍事と人事』芙蓉書房、一九八二年
池田純久『日本の曲がり角』千城出版、一九六八年
今井武夫『支那事変の回想』みすず書房、一九八〇年
今村均『今村均回顧録』芙蓉書房出版、一九九三年
井本熊男『作戦日誌で綴る支那事変』芙蓉書房、一九七八年
遠藤三郎『日中十五年戦争と私』日中書林、一九七四年
大蔵栄一『二・二六事件への挽歌』読売新聞社、一九七一年
片倉衷『戦陣随録』経済往来社、一九七二年
片倉衷『片倉参謀の証言　叛乱と鎮圧』芙蓉書房、一九八一年
河辺虎四郎『市ヶ谷台から市ヶ谷台へ』時事通信社、一九六二年
小磯国昭『葛山鴻爪』小磯国昭自叙伝刊行会、一九六三年
近衛文麿『失はれし政治』朝日新聞社、一九四六年
幣原喜重郎『外交五十年』読売新聞社、一九五一年
佐藤賢了『軍務局長の賭け・佐藤賢了の証言』芙蓉書房、一九八五年

末松太平『私の昭和史』みすず書房、一九六三年
種村佐孝『大本営機密日誌』芙蓉書房、一九七九年
土橋勇逸『軍服生活四十年の想出』勁草出版サービスセンター、一九八五年
東郷茂徳『時代の一面』中公文庫、一九八九年
西浦進『昭和戦争史の証言』原書房、一九八〇年
堀場一雄『支那事変戦争指導史』時事通信社、一九六二年
守島康彦編『昭和の動乱と守島伍郎の生涯』葦書房、一九八五年
森松俊夫編『参謀次長沢田茂回想録』芙蓉書房、一九八二年
若槻禮次郎『明治・大正・昭和政界秘史』講談社文庫、一九八三年

研究書・一般向け図書

赤木須留喜『近衛新体制と大政翼賛会』岩波書店、一九八四年
伊藤隆『昭和十年代史断章』東京大学出版会、一九八一年
伊藤隆『近衛新体制』中公新書、一九八三年
伊藤之雄『昭和天皇と立憲君主制の崩壊』名古屋大学出版会、二〇〇五年
伊藤之雄『昭和天皇伝』文藝春秋、二〇一一年
井口武夫『開戦神話』中央公論新社、二〇〇八年
井上寿一『危機のなかの協調外交』山川出版社、一九九四年
井上寿一『日中戦争下の日本』講談社選書メチエ、二〇〇七年
入江昭『太平洋戦争の起源』篠原初枝訳、東京大学出版会、一九九一年
入江昭『米中関係のイメージ』平凡社ライブラリー、二〇〇二年

臼井勝美『満州事変』中公新書、一九七四年
臼井勝美『日中戦争』中公新書、二〇〇〇年
内田尚孝『華北事変の研究』汲古書院、二〇〇六年
江口圭一『十五年戦争の開幕』小学館、一九八八年
緒方貞子『満州事変と政策の形成過程』原書房、一九六六年
奥健太郎『昭和戦前期立憲政友会の研究』慶應義塾大学出版会、二〇〇四年
E・H・カー『独ソ関係史』富永幸生訳、サイマル出版会、一九七二年
加藤陽子『模索する一九三〇年代』山川出版社、一九九三年
加藤陽子『満州事変から日中戦争へ』岩波新書、二〇〇七年
刈田徹『昭和初期政治・外交史研究』人間の科学社、一九七八年
北岡伸一『政党から軍部へ』中央公論新社、一九九九年
橘川学『嵐と闘ふ哲将荒木』荒木貞夫将軍伝記編纂刊行会、一九五五年
木畑洋一、イアン・ニッシュ、細谷千博、田中孝彦編『日英交流史1600―2000』全五巻、東京大学出版会、二〇〇〇―〇一年
近代日本研究会編『昭和期の軍部』山川出版社、一九七九年
工藤章・田嶋信雄編『日独関係史　一八九〇―一九四五』全三巻、東京大学出版会、二〇〇八年
栗原優『第二次世界大戦の勃発』名古屋大学出版会、一九九四年
黒沢文貴『大戦間期の日本陸軍』みすず書房、二〇〇〇年
黒野耐『帝国国防方針の研究』総和社、二〇〇〇年
小池聖一『満州事変と対中国政策』吉川弘文館、二〇〇三年
小林道彦『政党内閣の崩壊と満州事変』ミネルヴァ書房、二〇一〇年

酒井哲哉『大正デモクラシー体制の崩壊』東京大学出版会、一九九二年
酒井哲哉『近代日本の国際秩序論』岩波書店、二〇〇七年
塩崎弘明『日英米戦争の岐路』山川出版社、一九八四年
ウィリアム・シャイラー『第三帝国の興亡』全五巻、松浦伶訳、東京創元社、二〇〇八年
須崎慎一『二・二六事件』吉川弘文館、二〇〇三年
クリストファー・ソーン『満州事変とは何だったのか』全二巻、市川洋一訳、草思社、一九九四年
高橋正衛『昭和の軍閥』中公新書、一九六九年
高橋正衛『二・二六事件』中公新書、一九九四年
高光佳絵『アメリカと戦間期の東アジア』青弓社、二〇〇八年
高宮太平『順逆の昭和史』原書房、一九七一年
高山信武『昭和名将録』芙蓉書房、一九七九年
竹山護夫『昭和陸軍の将校運動と政治抗争』、名著刊行会、二〇〇八年
田嶋信雄『ナチズム極東戦略』講談社選書メチエ、一九九七年
筒井清忠『昭和期日本の構造』有斐閣、一九八四年
時任英人『犬養毅』論創社、一九九一年
戸部良一『ピースフィーラー——支那事変和平工作の群像』論創社、一九九一年
戸部良一『逆説の軍隊』中央公論社、一九九八年
戸部良一『日本陸軍と中国』講談社選書メチエ、一九九九年
富田武『戦間期の日ソ関係』岩波書店、二〇一〇年
永井和『青年君主昭和天皇と元老西園寺』京都大学学術出版会、二〇〇三年
永井和『日中戦争から世界戦争へ』思文閣出版、二〇〇七年

中野雅夫『橋本大佐の手記』みすず書房、一九六三年
中村勝範編『満州事変の衝撃』勁草書房、一九九六年
中村菊男『昭和陸軍秘史』番長書房、一九六八年
日本国際政治学会太平洋戦争原因研究部編『太平洋戦争への道』全八巻、朝日新聞社、一九六二―六三年
野村実『太平洋戦争と日本軍部』山川出版社、一九八三年
秦郁彦『日中戦争史』河出書房新社、一九六一年
秦郁彦『軍ファシズム運動史』原書房、一九八〇年
秦郁彦『盧溝橋事件の研究』東京大学出版会、一九九六年
波多野澄雄『「大東亜戦争」の時代』朝日出版社、一九八八年
波多野澄雄『幕僚たちの真珠湾』朝日新聞社、一九九一年
波多野澄雄、戸部良一編『日中戦争の軍事的展開』慶應義塾大学出版会、二〇〇六年
ハーバート・ファイス『眞珠湾への道』大窪愿二訳、みすず書房、一九五六年
廣部泉『グルー』ミネルヴァ書房、二〇一一年
藤原彰『日中全面戦争』小学館ライブラリー、一九八八年
防衛庁防衛研修所戦史室『大本營陸軍部』全一〇巻、朝雲新聞社、一九六七―七五年
防衛庁防衛研修所戦史室『関東軍』全二巻、朝雲新聞社、一九六九―七四年
防衛庁防衛研修所戦史室『支那事変陸軍作戦』全三巻、朝雲新聞社、一九七五―七六年
防衛庁防衛研修所戦史室『大本営陸軍部大東亜戦争開戦経緯』全五巻、朝雲新聞社、一九七三―七四年
防衛庁防衛研修所戦史室『大本営海軍部大東亜戦争開戦経緯』全二巻、朝雲新聞社、一九七九年
保阪正康『昭和陸軍の研究』全二巻、朝日新聞社、一九九九年
保阪正康『東條英機と天皇の時代』ちくま文庫、二〇〇五年

細谷千博編『日英関係史』東京大学出版会、一九八二年
細谷千博、斎藤真、今井清一、蠟山道雄編『日米関係史・開戦に至る一〇年』全四巻、東京大学出版会、一九七一―七二年
細谷千博、本間長世、入江昭、波多野澄雄編『太平洋戦争』東京大学出版会、一九九三年
堀真清『西田税と日本ファシズム運動』岩波書店、二〇〇七年
松浦正孝『日中戦争期における経済と政治』東京大学出版会、一九九五年
松浦正孝『「大東亜戦争」はなぜ起きたのか』名古屋大学出版会、二〇一〇年
三宅正樹『日独伊三国同盟の研究』南窓社、一九七五年
三宅正樹、秦郁彦、藤村道生、義井博編『昭和史の軍部と政治』全六冊、第一法規出版、一九八三年
森克己『満州事変の裏面史』国書刊行会、一九七六年
森靖夫『日本陸軍と日中戦争への道』ミネルヴァ書房、二〇一〇年
森山優『日米開戦の政治過程』吉川弘文館、一九九八年
安井三吉『柳条湖事件から盧溝橋事件へ』研文出版、二〇〇三年
矢次一夫『昭和動乱私史』全三巻、経済往来社、一九七一―七三年
矢次一夫『この人々』光書房、一九五八年
矢部貞治『近衛文麿』読売新聞社、一九七六年
山本智之『日本陸軍戦争終結過程の研究』芙蓉書房出版、二〇一〇年
吉田裕『アジア・太平洋戦争』岩波新書、二〇〇七年

川 田 稔（かわだ・みのる）

1947年（昭和22年），高知県に生まれる．
1978年，名古屋大学大学院法学研究科博士課程修了．
現在，日本福祉大学教授．名古屋大学名誉教授．法学博士．専攻，政治史．政治思想史．
著書『柳田国男の思想史的研究』（未来社）
『「意味」の地平へ』（未来社）
『柳田国男―「固有信仰」の世界』（未来社）
『原敬 転換期の構想―国際社会と日本』（未来社）
『柳田国男 その生涯と思想』（吉川弘文館）
『原敬と山県有朋』（中公新書）
『柳田国男のえがいた日本』（未来社）
『激動昭和と浜口雄幸』（吉川弘文館）
『浜口雄幸』（ミネルヴァ書房）
『浜口雄幸と永田鉄山』（講談社選書メチエ）
『満州事変と政党政治』（講談社選書メチエ）
編著『浜口雄幸集 論述・講演篇』（未来社）
『浜口雄幸集 議会演説篇』（未来社）

昭和陸軍《しょうわりくぐん》の軌跡《きせき》
中公新書 *2144*

2011年12月20日初版
2019年12月20日 9 版

著 者 川 田　稔
発行者 松 田 陽 三

本文印刷 三晃印刷
カバー印刷 大熊整美堂
製　本 小泉製本

発行所 中央公論新社
〒100-8152
東京都千代田区大手町 1-7-1
電話 販売 03-5299-1730
編集 03-5299-1830
URL http://www.chuko.co.jp/

Published by CHUOKORON-SHINSHA, INC.
Printed in Japan ISBN978-4-12-102144-1 C1221

現代史